高等职业教育机电类专业"十三五"规划教材

自动检测与转换技术

主　　编　张　璇　　孙雪蕾

副主编　蒋华平　尹悦悦　黄岑宇

参　　编　徐　毅　陈　吉　张　华

　　　　　张春红　李　敏　马保献

主　　审　杨　欢　朱菊香

企业编委　张　笋

U0379235

西安电子科技大学出版社

内 容 简 介

　　本书是校企合作共同完成的项目化教材，全书包含 10 个实践性较强的项目，可作为职业院校电气自动化技术专业、机电一体化专业教材，也可作为相关岗位职业培训教材。

　　本书具体内容包含：传感器与自动检测基础，电阻应变式传感器与电子秤的设计，电感传感器与感应式防盗报警器的设计，电容传感器与角位移测量仪的设计，光电传感器与自动调光台灯的设计，霍尔传感器与转速测量仪的设计，压电传感器与声震动电子狗电路设计，半导体气敏、湿敏传感器与烟雾报警器电路的设计，温度测量系统的集成与标定设计，图像传感与检测技术，磁电式传感器与转速测量仪设计，附录中还选取了 9 个 THSRZ-2 型传感器系统综合实验。

　　本书在编写内容上充分体现"会用、实用、够用"的原则，编写形式上设置了"神奇的实验"、"创客天地"、"企业案例"等小栏目，形式新颖、趣味性强，有较强的可读性与吸引力，有利于激发学生学习兴趣，提高学习效果。

图书在版编目(CIP)数据

自动检测与转换技术/张璇，孙雪蕾主编. —西安：西安电子科技大学出版社，2018.10
ISBN 978-7-5606-5027-2

Ⅰ. ① 自… Ⅱ. ① 张… ② 孙… Ⅲ. ① 自动检测 ② 传感器 Ⅳ. ① TP274 ② TP212

中国版本图书馆 CIP 数据核字 (2018) 第 179117 号

策划编辑	李惠萍　　秦志峰	
责任编辑	秦志峰	
出版发行	西安电子科技大学出版社(西安市太白南路 2 号)	
电　　话	(029)88242885　88201467	邮　　编　710071
网　　址	www.xduph.com	电子邮箱　xdupfxb001@163.com
经　　销	新华书店	
印刷单位	陕西天意印务有限责任公司	
版　　次	2018 年 10 月第 1 版　2018 年 10 月第 1 次印刷	
开　　本	787 毫米×1092 毫米　1/16　印张　10.5	
字　　数	243 千字	
印　　数	1～3000 册	
定　　价	25.00 元	

ISBN 978-7-5606-5027-2/TP

XDUP 5329001-1

前　言

本书是校企合作共同完成的项目化教材，全书包含 10 个实践性较强的设计项目，可作为职业院校电气自动化技术专业、机电一体化专业核心课程教材，也可作为相关岗位职业培训教材。

本书根据新教改成果五年制高职"4.5＋0.5"的指导性人才培养方案及核心课课程标准，参考有关行业职业技能鉴定规范编写而成。

本书在编写过程中与企业专家共同制定项目，充分体现面向企业、面向岗位实际和"会用、实用、够用"的原则。项目从生活应用案例引入，包含神奇的实验现象、传感器的工作原理、实用电路的设计与仿真、创客天地、企业案例等内容。考虑到五年制高职教育的特点，本书压缩了理论推导和复杂的计算，增加了传感器产品使用说明、企业典型案例，突出实践工程应用。书中引入 Arduino 传感器应用进行创客训练，软硬件结合解决了传统传感器实验偏重性能验证和数据分析的问题，强化学生综合职业能力的培养。

在呈现形式上，书中设置了"神奇的实验"、"创客天地"、"企业案例"等小栏目，形式新颖、趣味性强，有利于激发学生学习兴趣，提高学习效果。

本书具有以下鲜明特色：

（1）**突出了行动特色**。在编写体例上不再以传统的学科逻辑结构来划分篇章，而是以项目的形式划分全书的结构，在项目标题特别是具体任务题目的叙述上采用了行动性语言，突出了行动特色，更加适合职业教育的特点。

（2）**提供了学习指南**。学习指南供师生快速了解每个项目的内容和主要知识点，通过学习目标和学时分配，教师可根据教学计划以及与后续课程的关系选择合适的教学组合方式。

（3）**通过项目小结提炼出重要知识**。通过思考与练习有效地解决了知识的离散性；通过拓展学习指明了课外学习的方向，较好地解决了项目教学中知识不完整性的问题。

（4）**符合认知规律**。本书的编写打破了传统的"从概念出发，先学后做"的理念，采取高效的"先做后学"或"边学边做"的方式。所有内容均从直观实例开始，按照初学者的认知规律，引发学生学习兴趣。书中提供了大量的实物图片和一些在线视频，使内容形象直观，有助于学生易学、易懂，想学、要学。

（5）**增加了"创客天地"模块**。以 Arduino 为载体加强传感器知识与技能的学习，供学生进行传感器创新实验，学有余力的同学在完成基本内容的学习后可进行创新探究。

本书以培养职业岗位应用技能为目标，以常用的十多种传感器与应用案例为主线，采用项目化教学方式设置课程内容，具体包含1章储备知识和10个项目。

本书由江苏联合职业技术学院常州铁道分院张璇，镇江高等职业技术学校孙雪蕾、尹悦悦、黄岑宇，武进中等专业学校蒋华平共同编写，特邀请企业专家中车戚墅堰机车有限公司高级工程师张笋参与了企业案例的编写，另外参加编写的还有徐毅、陈吉、张华、张春红、李敏、马保献等教师。衷心地感谢常州刘国钧高等职业学校杨欢副教授、常州铁道高等职业技术学校朱菊香副教授为本书提出指导性意见。

由于编者水平有限，书中若有不当之处，敬请指正。

编　者
2018 年 8 月

目　录

学习指南

（建议 72 学时）

项目序号	项目名称	项目内容	学习目标	学时	教学建议
	知识储备	**任务1** 探索传感器的应用 **任务2** 学习传感器基础知识 **任务3** 学习检测技术基础 **任务4** 创客天地——传感器与 Arduino 软件 **任务5** 学习传感器基本特性	1. 了解传感器的作用与工程应用情况； 2. 掌握传感器的定义、组成及分类； 3. 熟悉检测技术的定义、检测系统的组成、检测技术的发展； 4. 掌握测量及误差的概念和计算； 5. 了解传感器的基本特性	10	1. 利用实物解剖，投影、多媒体软件等媒体技术，介绍知识储备，传感器的结构、特点、用途、分类、规格及工作原理； 2. 在实训室中模拟完成工作情境中的任务； 3. 完成创客天地中的创新实验，需要在机房安装 Arduino 相关软件
一、	电阻应变式传感器与电子秤的设计	**任务1** 学习电阻应变式传感器 **任务2** 电阻应变式传感器应用训练——电子秤 **任务3** 创客天地——Arduino 与重量传感器	1. 了解电阻传感器的工作原理与应用； 2. 了解电阻应变片的原理与主要技术参数； 3. 会正确选择弹性元件和电阻应变片； 4. 会正确设计与制作电子秤	8	
二、	电感传感器与感应式防盗报警器的设计	**任务1** 学习自感（变磁阻式）传感器 **任务2** 学习互感传感器 **任务3** 电涡流式传感器 **任务4** 学习电感式接近开关 **任务5** 电感传感器应用训练——感应式防盗报警器 **任务6** 创客天地——Arduino 与磁感应传感器	1. 理解电感传感器的工作原理； 2. 了解电感传感器的分类与主要技术参数； 3. 能正确安装接近开关等常见的电感式传感器； 4. 能正确设计与制作电感测微仪	8	

项目序号	项目名称	项目内容		学习目标	学时	教学建议
三、	电容传感器与角位移测量仪的设计	任务1 任务2 任务3	学习电容传感器 电容传感器应用训练 ——角位移测量仪 创客天地——触摸式延时照明灯的制作	1. 掌握电容式传感器工作原理、基本结构和工作类型; 2. 掌握电容传感器常用信号处理电路的特点; 3. 了解电容传感器的应用; 4. 能正确设计与制作角位移测量仪	6	
四、	光电传感器与自动调光台灯的设计	任务1 任务2 任务3	学习光电传感器 光电传感器应用训练 ——自动调光台灯 创客天地——Arduino与浊度传感器	1. 理解光电传感器的工作原理; 2. 了解光电元件及特性; 3. 了解光电传感器的组成、结构及类型; 4. 能正确设计与制作自动调光台灯	10	
五、	霍尔传感器与转速测量仪的设计	任务1 任务2 任务3	学习霍尔传感器 霍尔传感器应用训练 ——转速测量仪 创客天地——Arduino与霍尔传感器	1. 理解霍尔传感器的工作原理、特点、分类及应用; 2. 认识霍尔传感器的外观和结构; 3. 会用霍尔传感器进行转速、振动的测量; 4. 能正确设计与制作转速测量仪	4	
六、	压电传感器与声震动电子狗电路设计	任务1 任务2 任务3	学习电容传感器 压电传感器应用训练 ——声震动电子狗电路的设计 创客天地——Arduino与压电陶瓷传感器	1. 掌握压电效应概念、性能和特点; 2. 熟悉压电元件的连接方式; 3. 了解压电元件的主要应用; 4. 能正确设计与制作声震动电子狗	6	
七、	半导体气敏、湿敏传感器与烟雾报警器电路的设计	任务1 任务2 任务3	学习半导体湿敏、气敏传感器 气敏传感器应用训练 ——烟雾报警器 创客天地——Arduino与二氧化碳气体传感器	1. 理解半导体气敏、湿敏传感器的工作原理; 2. 了解半导体气敏、湿敏传感器的主要应用; 3. 能正确选择气敏和湿敏元件; 4. 能正确设计与制作烟雾报警器	4	

续表二

项目序号	项目名称	项目内容	学习目标	学时	教学建议
八、	温度测量系统的集成与标定设计	**任务1** 学习热电阻传感器 **任务2** 热敏电阻测量温度 **任务3** 热电偶及其应用 **任务4** 创客天地——Arduino与温湿度传感器	1. 了解热电效应及热电偶结构； 2. 掌握常用热电偶的型号特点及选用方法； 3. 了解金属热电阻、热敏电阻的分类、特点及应用； 4. 会正确使用热电偶传感器和热电阻传感器	8	
九、	图像传感与检测技术	**任务1** 固态图像传感器 **任务2** 光纤图像传感器 **任务3** 红外图像传感器 **任务4** 创客天地——Arduino与颜色识别挥手传感器模块	1. 掌握图像检测的基本概念、分类； 2. 了解图像传感器的选用方法； 3. 掌握光纤图像传感器的基本原理； 4. 了解光纤图像传感器的适用场所及使用方法	4	
十、	磁电式传感器与转速测量仪设计	**任务1** 学习磁电式传感器 **任务2** 磁电式传感器应用训练——磁电测速仪	1. 理解磁电式传感器的工作原理； 2. 了解磁电式传感器的结构与分类； 3. 能正确选择磁电式传感器和测量电路； 4. 能正确设计与制作简易的磁电式转速器	4	

储备知识 传感器与自动检测基础

 学习目标

1. 了解传感器的作用与工程应用情况。
2. 掌握传感器的定义、组成及分类。
3. 熟悉检测技术的定义、检测系统的组成、检测技术的发展。
4. 掌握测量及误差的概念和计算。
5. 了解传感器的基本特性。

情景案例

传感器是能够把被测量(如被测物理量、化学量、生物量等)的信息转换成与之有确定关系的电量输出的装置。简单地说,传感器就是一种代替人体五种感觉器官(眼、耳、鼻、舌、皮肤)来完成信息获取与处理的装置,可以感知外界的光、声、温度、压力等物理信息或者气味和味道等化学刺激。图0-1就是普通水龙头人体信息测控过程与感应水龙头自动检测系统的比较,你能通过对比分析它们的工作过程吗?

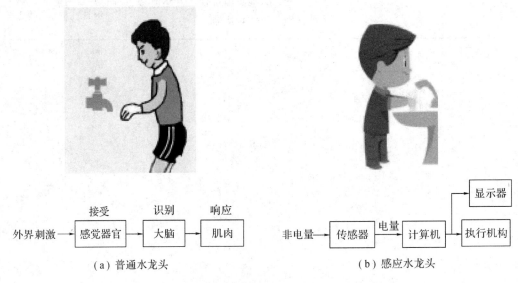

图0-1 人体信息测控过程与自动检测系统的对比

任务 1 探索传感器的应用

近年来随着科技快速发展，传感器已经广泛应用于国防军事、航空航天、土木工程、电力、能源、机器人、工业自动控制、环境保护、交通运输、医疗化工、家用电器及遥感技术中。下面我们来看几个典型的应用。

1. 传感器在日常生活中的应用

传感器在我们的日常生活中随处可见，如图 0-2 所示的家用电器中都使用了传感器。传感器在日常生活中的应用包括电冰箱、电饭煲中的温度传感器，空调中的温度和湿度传感器，洗衣机中的液位传感器，煤气灶中的煤气泄漏传感器，水表、电表、电视机和影碟机中的红外遥控器，等等。

图 0-2 传感器在日常生活中的应用

2. 传感器在交通运输中的应用

传感器在交通运输中的应用也非常广泛，在车辆运输中使用传感器检测车轴数、轴距、车速、车型，还可用于动态称重、闯红灯拍照、停车区域监控、交通信息采集（道路监控）及机场滑行道监控。在车辆中传感器也已不只局限于对行驶速度、行驶距离和发动机旋转速度的监控，还用于安全监控，如在汽车安全气囊系统、防盗装置、防滑控制系统、防抱死装置、电子变速控制装置、排气循环装置、电子燃料喷射装置及汽车"黑匣子"等方面都得到了实际应用。

3. 传感器在航空航天领域中的应用

如图 0-3 所示给出了传感器在航空航天领域的应用。例如，在宇宙服上使用了压力传感器、温度和湿度传感器；宇宙飞船除使用传感器进行速度、加速度和飞行距离的测量外，飞行方向、飞行姿态、飞行环境、飞行器本身的状态及内部设备的监控也都要通过传感器进行检测，还有飞船内部环境（如湿度、温度、空气成分等）也都需要通过传感器进行检测。

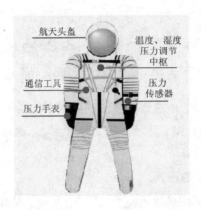

图 0-3　传感器在航空航天领域中的应用

4. 传感器在机器人中的应用

在劳动强度较大或危险作业的场所，以及一些高速度、高精度的工作中，已逐步使用机器人取代人的工作。但要使机器人和人的功能更为接近，这就要给机器人安装视觉传感器和触觉传感器，使机器人通过视觉对物体进行识别和检测，通过触觉对物体产生压觉、力觉、滑动感觉和重量感觉。如图 0-4 所示机器人控制中就使用了多种传感器。

图 0-4　传感器在机器人中的应用

5. 微型化、智能化等新型传感器的应用

随着科学技术的不断发展，新型的传感器比如无线传感器、光纤传感器、智能传感器和金属氧化物传感器在市场中所占份额越来越大。未来传感器将向以下几个方向发展。

（1）微型传感器：是基于半导体集成电路技术发展的 MEMS（微电子机械系统）技术，

利用微机械加工技术将微米级的敏感组件、信号处理器、数据处理装置封装在一块芯片上，具有体积小、成本低、便于集成等明显优势，并可以提高系统测试精度，研发高准确度和宽量程的检测仪器以满足高科技需要。

（2）智能化传感器：是一个或多个敏感元件、微处理器、外围控制及通信电路、智能软件系统相结合的产物，它兼有检测、判断、信息处理等功能。

（3）仿生传感器：是通过对人的种种行为如视觉、听觉、感觉、嗅觉和思维等进行模拟，研制出的自动捕获信息、处理信息、模仿人类的行为装置，是近年来生物医学和电子学、工程学相互渗透发展起来的一种新型的信息技术。

图0-5示出了几种集成化、智能化传感器的应用。

图0-5　集成化智能化传感器的应用

思考：传感器是怎么制作出来的呢？神秘的传感器很高大上吗？

✥ **放松一下：**

了解了传感器的应用，来看看创客达人是如何制作出传感器的。扫描图0-6所示二维码，观看视频可以了解传感器的制造过程。

看了视频，相信大家一定对传感器有了更深入的认识，在传感器与自动检测技术课程中我们将学习常用传感器的基础知识和应用，也将像创客达人那样开发一些简单传感器应用模块。接下来就让我们开启传感器的学习之旅吧。

图0-6　制作传感器二维码

任务 2　学习传感器基础知识

1. 传感器的定义

传感器就是能感知外界信息并能按一定规律将这些信息转换成可用信号的机械电子装置。在本书中，传感器指一个能将被测的非电量变换成电量的器件。

说明： 玻璃温度计是一种传感器，但不属于本书所讲授的传感器范围。

2. 传感器的组成

大部分传感器由敏感元件、传感元件及测量转换电路三部分组成，如图0-7所示。

图0-7 传感器的基本组成

敏感元件是直接感受被测量，并输出与被测量成确定关系的物理量的器件；转换元件又称为传感元件，敏感元件的输出就是它的输入，能将非电量转换成电路参量；转换电路用于将传感元件输出的电路参数接入该转换电路，便可转换成便于测量的电量，即转换电路起到转换和放大电量的作用。

图0-8是电位器压力传感器，其工作过程是当被测压力 p 增大时，弹簧管撑直，通过齿条带动齿轮转动，从而带动电位器的电刷产生角位移。电位器电阻的变化量反映了被测压力值 p 的变化。

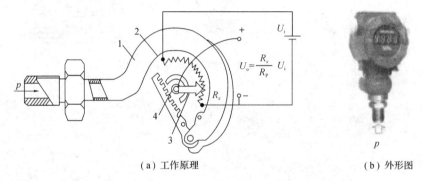

（a）工作原理　　　　　　　　（b）外形图

1—弹簧管（敏感元件）；2—电位器（传感元件测量转换电路）；3—电刷；4—传动机构（齿轮-齿条）

图0-8 电位器式压力传感器

在该传感器中，弹簧管为敏感元件，它将压力转换成角位移 α。电位器为传感元件，它将角位移转换为电参量——电阻的变化 ΔR。当电位器的两端加上电源后，电位器就组成分压比电路，它的输出量是与压力成一定关系的电压 U_o。在这个例子中，电位器又属于分压比式测量转换电路。

3. 传感器的分类

传感器的种类繁多，分类不尽相同。常用的分类方法有：

按被测量用途分类：可分为位移、力、力矩、转速、振动、加速度、温度、压力、流量、流速等传感器。

按测量原理分类：可分为电阻、电容、电感、光栅、热电耦、超声波、激光、红外、光导纤维等传感器。

4. 传感器的命名

传感器的命名由主题词加四级修饰语构成，如应变式位移传感器、光纤压力传感器。

主题词——传感器；

第一级修饰语——被测量，包括修饰被测量的定语，如位移、压力、温度等；

第二级修饰语——转换原理，一般可后续加"式"字，也可省略，如应变式、光纤；

第三级修饰语——特征描述，指必须强调的传感器结构、性能、材料特征、敏感元件及其它必要的性能特征，一般可后续加"型"字，也可省略；

第四级修饰语——主要技术指标(量程、精确度、灵敏度等)，可省略。

5. 传感器的代号

传感器的代号依次为主称(传感器)—被测量—转换原理—序号。如：应变式位移传感器代号用 CWY - YB - 20 表示，光纤压力传感器代号用 CYL - GQ - 2 表示。

主称——传感器，代号 C；

被测量——用一个或两个汉语拼音的第一个大写字母标记，如位移代号为 WY；

转换原理——用一个或两个汉语拼音的第一个大写字母标记，如应变代号为 YB；

序号——用一个阿拉伯数字标记，厂家自定，用来表征产品设计特性、性能参数、产品系列等。

任务3　学习检测技术基础

1. 检测的定义

检测(Detection)是利用各种物理、化学效应，选择合适的方法与装置，将生产、科研、生活等各方面的有关信息通过检查与测量的方法赋予定性或定量结果的过程。

检测技术是人们为了对被测对象所包含的信息进行定性的了解和定量的掌握所采取的一系列技术措施，能够自动地完成整个检测处理过程的技术称为自动检测技术。图 0 - 9 通过质量的测量工具的变化反映出测量技术的发展过程。

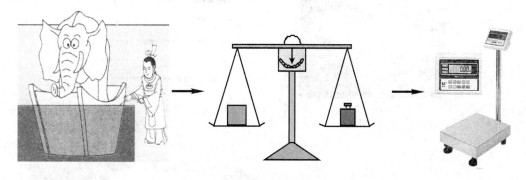

图 0 - 9　测量技术的发展

2. 自动检测系统的组成

自动检测技术是自动化系统中不可缺少的组成部分，自动检测技术的完善和发展推动着现代科学技术的进步。一般来说，自动检测系统是由传感器、中间变换装置(信号调理和信号分析与处理)和显示记录装置组成并具有获取某种信息之功能的整体装置。图 0 - 10 示出了自动检测系统的组成。

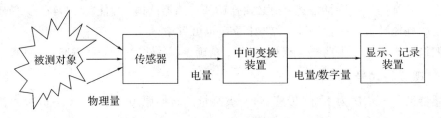

图 0-10　自动检测系统的组成

　　传感器将被测物理量（如力、温度）检出并转换为电量，中间变换装置对接收到的电信号用硬件电路进行分析处理或经 A/D 变换后用软件进行信号分析（提取特征参数、频谱分析、相关分析等），显示记录装置则将测量结果显示出来，提供给观察者或其它自动控制装置。

3. 测量与测量的分类

　　测量过程实质上是一个比较的过程，即将被测量与一个同性质的、作为测量单位的标准量进行比较，从而确定被测量与标准量比例关系的过程。

　　对于测量方法，从不同的角度出发，有不同的分类方法。根据被测量是否随时间变化，可分为静态测量和动态测量；根据测量的手段不同，可分为直接测量、间接测量和组合测量；根据测量结果的显示方式，可分为模拟式测量和数字式测量；根据测量时是否与被测对象接触，可分为接触式测量和非接触式测量；为了监视生产过程，或在生产流水线上监测产品质量的测量称为在线测量，反之，则称为离线测量。各种测量方式及其应用如图 0-11 所示。

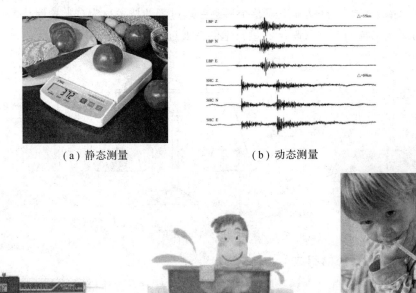

（a）静态测量　　　　　　　　　　（b）动态测量

（c）直接测量　　　　　（d）间接测量　　　　（e）接触式测量

（f）非接触式测量

（g）离线测量

（h）在线测量

图 0-11　各种测量方式及其应用

4. 测量误差

测量误差分为绝对误差和相对误差，测量时被测量值 A_x 与真值 A_0 之间总是存在着一个差值，这种差值称为绝对误差，用 Δ 表示：

$$\Delta = A_x - A_0 \tag{0-1}$$

◇ **思考**：某采购员分别在三家商店购买 100 kg 大米、10 kg 苹果、1 kg 巧克力，发现均缺少约 0.5 kg（绝对误差相同），但该采购员对卖巧克力的商店意见最大，是何原因？

采购员出现不同心理反应的主要原因是因为测量过程中产生的相对误差不同，相对误差有示值（标称）相对误差 γ_x 和满度相对误差 γ_m 两种。

示值（标称）相对误差用 γ_x 表示

$$\gamma_x = \frac{\Delta}{A_x} \times 100\% \tag{0-2}$$

满度相对误差（又称为引用误差）用 γ_m 表示

$$\gamma_m = \frac{\Delta}{A_m} \times 100\% \tag{0-3}$$

式（0-3）中，当 Δ 取仪表的最大绝对误差值 Δ_m 时，引用误差常被用来确定仪表的准确度（Degree of Accuracy）等级 S，即

$$S = \left| \frac{\Delta_m}{A_m} \right| \times 100 \tag{0-4}$$

我国的模拟仪表有下列七种等级，准确度等级的数值越小，仪表的价格就越昂贵。

表 0-1　仪表的准确度等级和基本误差

准确度等级	0.1	0.2	0.5	1.0	1.5	2.5	5.0
基本误差	±0.1%	±0.2%	±0.5%	±1.0%	±1.5%	±2.5%	±5.0%

根据给出的准确度等级 S 及满度值 A_m，可以推算出该仪表可能出现的最大绝对误差 Δ_m、示值相对误差等。例如，在正常情况下，用 0.5 级、量程为 100℃ 的温度表来测量温度时，可能产生的最大绝对误差为：

$$\Delta_m = (\pm 0.5\%) \times A_m = \pm (0.5\% \times 100)℃ = \pm 0.5℃$$

★ **重要提示**：仪表的准确度在工程中也常称为"精度"，准确度等级习惯上称为精度等级。

我们可以从仪表的"使用说明书"上读得仪表的准确度等级，也可以从仪表面板上的标志判断出仪表的精度等级。

例 已知被测电压的准确值为 220 V。

(1) 观察并计算图 0-12 所示的电压表上的准确度等级 S、满度值 A_m、最大绝对误差 Δ_m、示值 A_x、与 220 V 正确值的绝对误差 Δ、示值相对误差 γ_x 以及满度相对误差 γ_m。

(2) 示值相对误差有没有可能小于引用误差？在仪表绝对误差不变的情况下，若被测电压降为 22 V，那么示值相对误差 γ_x 是变大了还是变小了？

图 0-12　仪表准确度等级

解 (1) 从图 0-12 可知，准确度等级 $S=5.0$ 级，满度值 $A_m=300$ V。

最大绝对误差 $\Delta_m=300\text{ V}\times5.0\div100=15$ V，示值 $A_x=230$ V。

用更高级别的检验仪表测得被测电压(220 V)与示值的绝对误差 $\Delta=10$ V，示值相对误差 $\gamma_x=4.3\%$。

引用误差 $\gamma_m=(10/300)\times100\%=3.3\%$，小于出厂时所标定的 5.0%。

(2) 若绝对误差 Δ 仍为 10 V，当示值 A_x 为 22 V，示值相对误差 $\gamma_x=(10/22)\times100\%=45\%$。与测量 220 V 时相比，示值相对误差大多啦。

☆ 结论：由上例可得出结论：在选用仪表时应兼顾准确度等级和量程，通常希望示值落在仪表满度值的 2/3 以上。

例 某压力表准确度为 2.5 级，量程为 0～1.5 MPa，求：

(1) 可能出现的最大满度相对误差 γ_m。

(2) 可能出现的最大绝对误差 Δ_m 为多少 kPa。

(3) 测量结果显示 0.70 MPa 时，可能出现的最大示值相对误差 γ_x。

解 (1) 可能出现的最大满度相对误差可以从准确度等级直接得到，即 $\gamma_m=\pm2.5\%$。

(2) $\Delta_m=\gamma_m\times A_m=\pm2.5\%\times1.5\text{ MPa}=\pm0.0375\text{ MPa}=\pm37.5$ kPa。

(3) $\gamma_x=\dfrac{\Delta_m}{A_x}\times100\%=\dfrac{\pm0.0375}{0.70}\times100\%=\pm5.36\%$。

5. 测量误差的表现型式

测量误差按照表现型式不同可分为粗大误差、系统误差和随机误差，如图 0-13 所示。

粗大误差是指明显偏离真值的误差。当发现粗大误差时，应予以剔除。

凡误差的数值固定或按一定规律变化，均属于系统误差。系统误差是有规律性的，因此可以通过实验的方法或引入修正值的方法计算修正，也可以重新调整测量仪表的有关部件使系统误差尽量减小。

随机误差是指在同一条件下，多次测量同一被测量，有时会发现测量值时大时小，误差的绝对值及正、负以不可预见的方式变化，该误差称为随机误差。随机误差反映了测量值离散性的大小。引起随机误差的因素称为随机效应。随机误差是测量过程中许多独立的、微小的、偶然的因素引起的综合结果。

（a）粗大误差

（b）系统误差

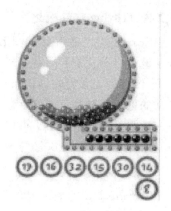

（c）随机误差

图 0-13　测量误差的分类

任务 4　创客天地——传感器与 Arduino 软件

Arduino 是一款便捷灵活、方便上手的开源电子原型平台，它包含硬件（各种型号的 Arduino 板）和软件（Arduino IDE），如图 0-14 所示。Arduino 平台是由一个欧洲开发团队于 2005 年冬季开发的。

（a）硬件

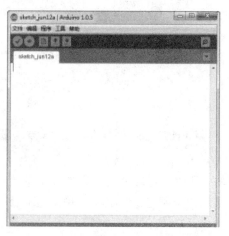

（b）软件

图 0-14　Arduino 的硬件和软件环境

Arduino 能通过各种各样的传感器来感知环境，通过控制灯光、马达和其它的装置来反馈、影响环境。板子上的微控制器可以通过 Arduino 的编程语言来编写程序，编译成二进制文件，烧录进微控制器。对于 Arduino 的编程，是通过 Arduino 编程语言（基于 Wiring）和 Arduino 开发环境来实现的。Arduino 为用户提供了 Arduino 社区，其网址是 http://forum.arduino.cc/。Arduino 软件编程学习者可以在社区进行自主学习，本书中主要对 Arduino 电路开发软件 Fritzing 进行介绍，并详细介绍 Arduino 与传感器的电路连接。

1. Fritzing 软件概述

Fritzing 是一款开源的图形化 Arduino 电路开发软件，绘制的电路图非常美观，它是电子设计自动化软件，可实现从物理原型到进一步的实际产品的设计。Fritzing 简化了过去 PCB 布局工程师在做的事情，全部使用"拖拖拉拉"的方式完成复杂的电路设计。它有丰富的电子元件库，还可以建立自己的元件库。对于无电子信息背景的人来讲，Fritzing 是一款很好上手的工具，可以用很简单的方式拖拉元件以及连接线路。Fritzing 的官方网址是 http://fritzing.org，下载页面地址是 http://fritzing.org/download/。

2. Fritzing 的元件库

Fritzing 并不是将所有的元件都无规律地放在一起的，而是以各种规则将各种元件组织为不同的库。Fritzing 最主要的库是 CORE 库和 MINE 库，如图 0-15 所示。Fritzing 中的库可以通过元件栏中的标签来进行选择。

（a）CORE库　　　　　　　　　　　　（b）MINE库

图 0-15　Fritzing 元件库

3. 利用 Fritzing 软件绘制一简单传感器电路

在 Fritzing 软件中，按照图 0-16 所示原理图连接电路，可实现光敏电阻控制小灯发光的强弱，即改变光敏电阻所在的环境的光强度即可看到小灯相应的变化。在日常生活中光敏电阻的应用是很广泛的，用法也很多，大家可以根据这个实验举一反三，做出更好的互动作品。

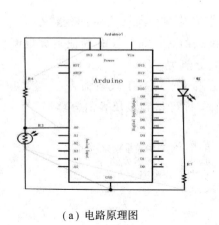
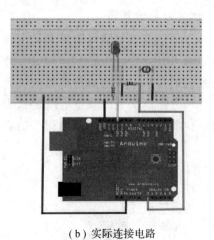

（a）电路原理图　　　　　　　　　（b）实际连接电路

图 0-16　Fritzing 软件绘制传感器电路图

任务5　学习传感器基本特性

传感器的基本特性包括：灵敏度、分辨力、分辨率、线性度、迟滞现象、稳定性、电磁兼容性、可靠性等。

1. 灵敏度

灵敏度是指传感器在稳定状态下，输出变化值 Δy 与输入变化值 Δ_x 之比，用 K 来表示，即

$$K = \frac{\Delta y}{\Delta_x} \tag{0-5}$$

也可以用作图法（如图 0-17）求解灵敏度。对线性传感器而言，灵敏度为一常数；对非线性传感器而言，灵敏度随输入量的变化而变化。从传感器的输出曲线上看，曲线越陡，灵敏度越高。

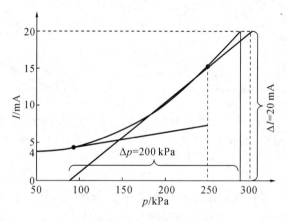

图 0-17　作图法求解灵敏度

2. 分辨力与分辨率

分辨力是指传感器能检出被测信号的最小变化量。当被测量的变化小于分辨力时，传感器对输入量的变化无任何反应。对数字仪表而言，如果没有其他附加说明，一般可以认为该表的最后一位所表示的数值就是它的分辨力。

将分辨力除以仪表的满量程就是仪表的分辨率。对数字仪表而言，一般可以将该表的最后一位所代表的数值除以该仪表的满量程，即可得到该仪表的分辨率。

思考：左表的满量程为99.9A。问：该表的分辨力、分辨率各为多少？

图 0-18　分辨力与分辨率的计算

3. 线性度

线性度又称非线性误差，是指传感器实际特性曲线与拟合直线（有时也称理论直线）之间的最大偏差与传感器量程范围内的输出之百分比。

将传感器输出起始点与满量程点连接起来的直线作为拟合直线，这条直线称为端基理论直线，按上述方法得出的线性度称为端基线性度，如图 0-19 所示。非线性误差越小越好。线性度的计算公式如下：

$$\gamma_L = \frac{\Delta_{L\max}}{y_{\max} - y_{\min}} \times 100\% \qquad (0-6)$$

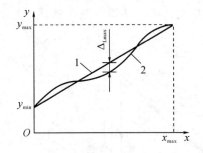

1—端基拟合直线，$y = kx + b$；　2—实际特性曲线

图 0-19　端基线性度作图方法

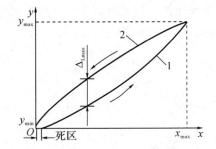

1—正向行程曲线；2—反向行程曲线

图 0-20　迟滞特性曲线

4. 迟滞现象

迟滞是指传感器正向特性和反向特性的不一致程度。用计算机逐点测量得到的某传感器迟滞特性示意图如图 0-20 所示。迟滞会引起重复性、分辨力变差，或造成测量盲区，一般希望迟滞越小越好。

5．稳定性

稳定性包括环境影响量和时间稳定度。环境影响量是指由外界环境变化而引起的示值变化量。时间稳定度是指仪表在所有条件都恒定不变的情况下，在规定的时间内能维持其示值不变的能力，以仪表的示值变化量和时间的长短之比来表示。例如，某仪表输出电压值在 8 h 内的最大变化量为 1.2 mV，则表示该仪表的稳定性为 1.2 mV/(8 h)。

6．EMC 的定义

所谓 EMC 是指电磁兼容性，即电子设备在规定的电磁干扰环境中能正常工作，而且也不干扰其他设备的能力。

7．可靠性

常用的可靠性指标有故障平均间隔时间、平均修复时间和故障率(或失效率)。

知 识 小 结

本部分主要学习传感器的概念、类型及其命名方法，检测技术的相关概念，误差计算及处理方法，另外，还简单介绍了 Fritzing 软件。学习的重点是传感器的基础知识及性能特点、相对误差计算等内容。这部分内容理论性较强，在学习过程中除了要做好预习和复习之外，还应注意收集有关资料，尤其是要充分利用好网络，拓宽视野，了解与传感器有关的新领域(物联网)、新技术(创客)，更好地理解各种专业名词术语和专业技能。

本部分内容及学习要点可归纳如下：

(1) 传感器是能感知外界信息并能按一定规律将这些信息转换成可用信号的机械电子装置。在本书中，传感器指一个能将被测的非电量变换成电量的器件。

(2) 传感器由敏感元件、传感元件及测量转换电路三部分组成。

(3) 传感器的种类繁多，分类不尽相同。常用的分类方法有：按被测量用途分类与按测量原理分类。

(4) 传感器的命名由主题词加四级修饰语构成：主题词——传感器；第一级修饰语——被测量；第二级修饰语——转换原理；第三级修饰语——特征描述；第四级修饰语——主要性能指标。

(5) 传感器的代号依次为主称(传感器)—被测量—转换原理—序号。

(6) 自动检测系统是由传感器、中间变换装置(信号调理和信号分析与处理)和显示记录装置组成并具有获取某种信息之功能的整体。

(7) 测量误差分为绝对误差和相对误差。绝对误差用 Δ 表示：$\Delta = A_x - A_0$。
示值(标称)相对误差用 γ_x 表示；满度相对误差用 γ_m 表示；准确度等级用 S 表示。

$$\gamma_x = \frac{\Delta}{A_x} \times 100\%, \qquad \gamma_m = \frac{\Delta}{A_m} \times 100\%, \qquad S = \left| \frac{\Delta_m}{A_m} \right| \times 100$$

(8) 我国的模拟仪表有七种等级，准确度等级的数值越小，仪表的价格越昂贵。

(9) 在选用仪表时应兼顾准确度等级和量程，通常希望示值落在仪表满度值的 2/3 以上。

(10) 测量误差按照表现形式不同，可分为粗大误差、系统误差和随机误差。

(11) 传感器的基本特性包括：灵敏度、分辨力、分辨率、线性度、迟滞现象、稳定性、电磁兼容性、可靠性等。

思考与练习

1. 请列举出传感器的应用实例，至少列举 5 种。

2. 请上网查阅怎样利用传感器实现"指印智能门禁""手机指纹开机"。

3. 传感器由哪几部分组成？说明各部分的作用。

4. 传感器的型号由几部分组成？各部分有何意义？

5. 检测系统由哪几部分组成？说明各部分的作用。

6. 某线性位移测量仪，当被测位移由 4.5 mm 变到 5.0 mm 时，位移测量仪的输出电压由 3.5 V 减至 2.5 V，求该仪器的灵敏度。

7. 什么是粗大误差、系统误差和随机误差？

8. 现有准确度为 0.5 级的 0℃～300℃的和准确度为 1.0 级的 0℃～100℃的两个温度计，要测量 80℃的温度，试问采用哪一个温度计好？

9. 在图 0-21 中，3 位（最大显示 999）数字液位计面板表的示值是多少？分辨力是多少？分辨率又约为多少？

图 0-21　第 9 题图

项目一　电阻应变式传感器与电子秤的设计

 学习目标

1. 理解电阻应变式传感器的工作原理。
2. 了解电阻应变片的原理与主要技术参数。
3. 能正确选择弹性元件和电阻应变片。
4. 能正确设计与制作电子秤。

情景案例

　　早在 1856 年，人们在轮船上往大海里铺设海底电缆时，发现电缆的电阻值由于拉伸而增加，继而对铜丝和铁丝进行拉伸试验，得出结论：金属丝的电阻与其应变呈函数关系。随着科技的发展人们根据这种现象制作出各种传感器，用它们可测量力、应力、应变、荷重和加速度等物理量。图 1-1 为一组电阻应变式传感器的应用案例。

(a) 电子秤　　　　(b) 电子汽车衡　　　(c) 电子测力臂仪　　　(d) 电子天平

图 1-1　电阻应变式传感器应用案例

任务 1　学习电阻应变式传感器

活动一　神奇的实验：探索电阻应变式传感器工作原理

1. 演示实验

　　做以下的实验：用一台数字式万用表测量一电阻应变片电阻值，如图 1-2 所示。通过对比观察可以发现，随着电阻应变片被拉长，毫安表的读数在逐渐增加。

　　通过上述实验可以得出以下结论：导体或半导体材料在外界力的作用下，会产生机械变形，其电阻值也将随着发生变化。

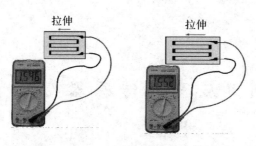

图1-2 电阻应变式传感器演示实验

2. 电阻应变式传感器的工作原理

电阻应变式传感器的工作原理是基于应变效应，即导体或半导体材料在外界力的作用下产生机械变形时，其电阻值相应发生变化，这种现象称为"应变效应"，如图1-3所示。

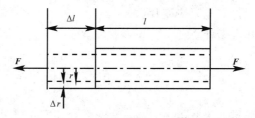

图1-3 金属丝的拉伸

一根金属电阻丝，在其未受力时，原始电阻值为

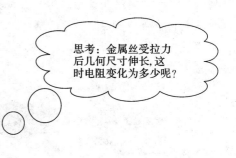

思考：金属丝受拉力后几何尺寸伸长，这时电阻变化为多少呢？

$$R = \frac{\rho\, l}{A}$$

当电阻丝受到拉力 F 作用时，将伸长 Δl，横截面积相应减小 ΔA，电阻率因材料晶格发生变形等因素影响而改变了 $\Delta\rho$，从而引起电阻值发生变化。

活动二 剖析电阻应变式传感器的结构

电阻应变式传感器是利用电阻应变片将应变转换为电阻变化的传感器。电阻应变式传感器敏感元件一般为各种弹性敏感元件，传感元件为应变片，测量电路一般为桥式电路。

电阻应变式传感器的工作过程是当被测物理量作用在弹性元件上时，弹性元件的变形引起应变敏感元件的阻值变化，通过转换电路将其转变成电量输出，电量变化的大小反映了被测物理量的大小。

1. 弹性敏感元件

物体在外力作用下改变原来尺寸或形状的现象称为变形。若去除外力物体又能完全恢复其原来的尺寸和形状，这种变形称为弹性变形，具有弹性变形特性的物体称为弹性体，又称为弹性敏感元件。

弹性敏感元件在传感器技术中占有极其重要的地位。它首先把力、力矩或压力转换成相应的应变或位移，然后配合各种形式的传感元件，将被测力、力矩或压力变换成电量。

1）弹性敏感元件的材料及其基本要求

（1）具有良好的机械特性（强度高、抗冲击、韧性好、疲劳强度高等）和良好的机械加工及热处理性能；

（2）良好的弹性特性（弹性极限高、弹性滞后和弹性后效小等）；

（3）弹性模量的温度系数小且稳定，材料的线膨胀系数小且稳定；

（4）抗氧化性和抗腐蚀性等化学性能良好。

2）常见的弹性敏感元件

（1）弹性圆柱。柱式弹性元件具有结构简单的特点，可承受很大的载荷结构，如图1-4所示。

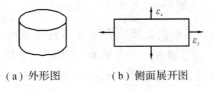

（a）外形图　　（b）侧面展开图

图1-4　弹性圆柱

（2）悬臂梁。悬臂梁分为等截面梁和等强度梁。等截面梁是指一端固定，另一端自由，且截面为矩形的梁。等截面梁不同部位所产生的应变是不相等的，等强度梁不同部位所产生的应变大小相等，如图1-5所示。

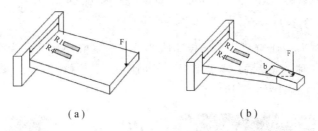

（a）　　　　　　　　　　（b）

图1-5　常见的悬臂梁

（3）薄壁圆筒。薄壁圆筒与弹簧管等弹性元件可将气体压力转换为应变，筒壁的每一单元将在轴线方向和圆周方向产生拉伸应力，如图1-6所示。

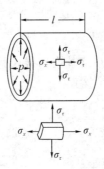

图1-6　薄壁圆筒

2. 应变片

1）应变片的结构及测量原理

金属电阻应变片由敏感栅、基底、覆盖层和引线等部分组成，如图1-7所示。

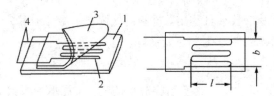

1—基底；2—敏感栅；3—覆盖层；4—引线

图1-7 电阻应变片的基本结构

敏感栅由易加工成细丝、箔材的金属或者半导体材料制成，可将应变量转换成电阻量；覆盖层用纸或有机高分子材料等制成，用来保护敏感栅免受机械损伤和空气污染；基底也是由纸或有机高分子材料等制成，可保持敏感栅、引线的几何形状及其相对位置，被测构件上的应变不失真地传递到敏感栅上；引线由灵敏系数大且具有良好焊接性能和抗氧化性能的材料制成，其作用是连接敏感栅和测量电路。

应变片测量原理：在外力作用下，被测对象产生微小机械变形，贴在对象上的应变片随之发生相同的变化，同时应变片电阻值也发生相应变化。当测得应变片电阻值变化量为 ΔR 时，便可得到被测对象的应变值，进而得到产生该应变的外力。

2）应变片的分类

常见的应变片有金属应变片和半导体应变片，金属应变片又分为金属丝式、金属箔式和薄膜式应变片三种。常见的应变片如图1-8所示，其中(a)图为金属箔式应变片，(b)图为薄膜式应变片，(c)图为半导体应变片。

（a）金属箔式应变片　　　　（b）薄膜式应变片　　　　（c）半导体应变片

图1-8 常见的应变片

（1）金属丝式应变片。金属丝式应变片有回线式和短接式两种，如图1-9所示。其中，图(a)、(c)为回线式，图(b)、(d)为短接式。

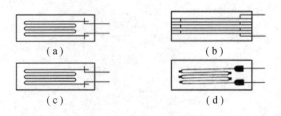

图1-9 金属丝式应变片

回线式应变片最为常用,其制作简单,性能稳定,成本低,易粘贴,但其应变横向效应较大。短接式应变片两端用直径比栅线直径大5~10倍的镀银丝短接。其优点是克服了横向效应,但制造工艺复杂。

(2)金属箔式应变片。箔式应变片是利用照相制版或光刻技术,将厚约0.003~0.01 mm的金属箔片制成所需图形的敏感栅,也称为应变花。如图1-10所示。

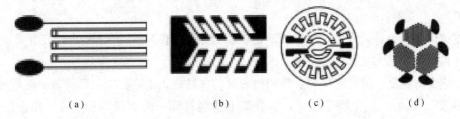

| (a) | (b) | (c) | (d) |

图1-10 金属箔式应变片的应变花

箔式应变片的优点如下:

① 可制成多种复杂形状、尺寸准确的敏感栅,其栅长 I 可做0.2 mm,以适应不同的测量要求;

② 与被测件粘贴结面积大;

③ 散热条件好,允许电流大,提高了输出灵敏度;

④ 横向效应小;

⑤ 蠕变和机械滞后小,疲劳寿命长。

箔式应变片的缺点是电阻值的分散性比金属丝的大,有的相差几十欧姆,需做阻值调整。在常温下,金属箔式应变片已逐步取代了金属丝式应变片。

(3)薄膜应变片。薄膜应变片是采用真空蒸发或真空沉淀等方法,在薄的绝缘基片上形成0.1 μm以下的金属电阻薄膜的敏感栅,最后再加上保护层,易实现工业化批量生产。它的优点是应变灵敏度系数大,允许电流密度大,工作范围广;缺点是难控制电阻与温度和时间的变化关系。

(4)半导体应变片。半导体应变片是用半导体材料作敏感栅而制成的。当它受力时,电阻率随应力的变化而变化。它的主要优点是灵敏度高(灵敏度比丝式、箔式大几十倍);主要缺点是灵敏度的一致性差、温漂大、电阻与应变间非线性严重。在使用时,需采用温度补偿及非线性补偿措施。

判断:在表1-1中,哪些型号是半导体应变片?

表1-1 应变片主要技术指标

参数名称	电阻值/Ω	灵敏度	电阻温度系数/℃$^{-1}$	极限工作温度/℃	最大工作电流/mA
PZ-120型	120	1.9~2.1	20×10^{-6}	−10~40	20
PJ-120型	120	1.9~2.1	20×10^{-6}	−10~40	20
BX-200型	200	1.9~2.2	—	−30~60	25
BA-120型	120	1.9~2.2	—	−30~200	25
BB-350型	350	1.9~2.2	—	−30~170	25
PBD-1K型	1000±10%	140±5%	<0.4%	<40	15
PBD-120型	120±10%	120±5%	<0.2%	<40	20

3）应变片的粘贴

应变片是通过粘合剂粘贴到试件上的，粘贴工艺主要包括：应变片检测，试件表面处理，应变片粘贴、固化，引出线的焊接与保护处理等。应变片粘贴过程如图 1-11 所示。

（1）目测电阻应变片有无折痕、断丝等缺陷，有缺陷的应变片不能粘贴。

（2）用数字万用表测量应变片电阻值大小。同一电桥中各应变片之间阻值相差不得大于 0.5 Ω。

（3）试件表面处理：贴片处用手持砂轮、细纱纸等打磨干净，用酒精棉球反复擦洗粘贴处，直到棉球无黑迹为止。

（4）应变片粘贴：在应变片的表面和处理过的粘贴表面上，各涂一层均匀的粘贴胶，用镊子将应变片放上去，并调好位置，然后盖上塑料薄膜，用手指柔和滚压，排出下面的气泡。

（5）测量：从分开的端子处，预先用万用表测量应变片的电阻，以便可以发现端子折断和坏的应变片。

（6）焊线：用电烙铁将应变片的引线焊接到导引线上。

（7）固定：焊接后用胶布将引线和被测对象固定在一起，防止损坏引线和应变片。

  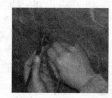 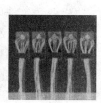

（a）试件表面处理　（b）应变片粘贴　（c）测量　（d）焊线　（e）固定

图 1-11　应变片的粘贴过程

3. 测量转换电路

1）直流电桥工作原理

直流电桥（如图 1-12）中电桥平衡的条件：输出电压 $U_o=0$，为了使电桥在测量前的输出电压为零，应选择四个桥臂电阻，使 $R_1 \cdot R_4 = R_2 \cdot R_3$ 或 R_1/R。如图 1-13 所示。

电桥平衡条件：欲使电桥平衡，其相邻两臂电阻的比值应相等，或相对两臂电阻的乘积应相等。

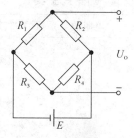

图 1-12　直流电桥

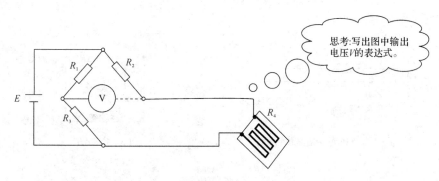

图 1-13 直流电桥测量电路

2）直流电桥的分类（见图 1-14）

（1）应变片单臂直流电桥：R_1 为应变片，R_2、R_3、R_4 为固定电阻，$\Delta R_2 \sim \Delta R_4$ 均为零。如图 1-14(a)所示。

（2）应变片双臂直流电桥（半桥）：R_1、R_2 为应变片，R_3、R_4 为固定电阻，$\Delta R_3 = \Delta R_4 = 0$。如图 1-14(b)所示。

（3）应变片直流全桥电路：电桥的四个桥臂都为应变片。如图 1-14(c)所示。

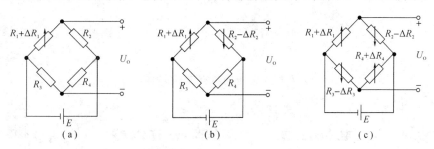

图 1-14 直流电桥的分类

直流全桥电路不仅没有非线性误差，而且电压灵敏度为单片工作时的 4 倍。

3）直流电桥设计与应变片的安装

（1）采用半桥差动电桥：在试件上安装两个工作应变片，一个受拉应变，一个受压应变，接入电桥相邻桥臂，如图 1-15 所示。

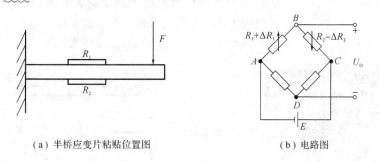

（a）半桥应变片粘贴位置图　　　　　（b）电路图

图 1-15 半桥电路与应变片

（2）采用全桥差动电桥：电桥四臂接入四片应变片，即两个受拉应变，两个受压应变，将两个应变符号相同的接入相对桥臂上，如图 1-16 所示。

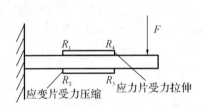
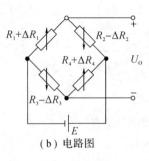

（a）全桥应变片粘贴位置图　　　　　（b）电路图

图 1-16　全桥电路与应变片

有一测量起重机起吊物质量（即物体的重量）的拉力传感器，如图 1-17 所示。R_1、R_2、R_3、R_4 贴在等截面轴上，组成全桥，桥路电源为直流 6 V。

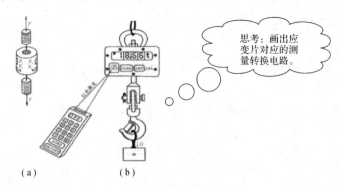

（a）　　　　　　　（b）

图 1-17　起重机直流电桥测量

任务2　电阻应变式传感器应用训练——电子秤

活动一　认识电子秤工作模型

1. 电子秤的基本结构

电子秤（如图 1-18 所示）是利用物体的重力作用来确定物体质量（重量）的测量仪器，也可用来确定与质量相关的其它量的大小、参数或特性。不管根据什么原理制成的电子秤，均由以下三部分组成：

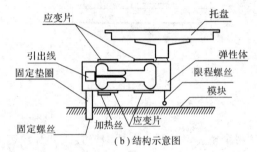

（a）实物图　　　　　　　　　　（b）结构示意图

图 1-18　电子秤

1）承重、传力复位系统

它是被称物体与转换元件之间的机械、传力复位系统，又可称为电子秤的秤体，一般包括接受被称物体载荷的承载器、秤桥结构、吊挂连接部件和限位减振机构等。

2）称重传感器

按照称重传感器的结构型式不同，可以分为直接位移传感器（电容式、电感式、电位计式、振弦式、空腔谐振器式等）和应变传感器（电阻应变式、声表面谐振式），或是利用磁弹性、压电和压阻等物理效应的传感器。在本任务中，选用电阻应变片进行设计。

3）测量显示和数据输出的载荷测量装置

即处理称重传感器信号的电子线路（包括放大器、模数转换器、电流源或电压源、调节器、补偿元件、保护线路等）和指示部件（如显示、打印、数据传输和存储器件等）。这部分习惯上称之为载荷测量装置或二次仪表。在数字式的测量电路中，通常包括前置放大、滤滤、运算、变换、计数、寄存、控制和驱动显示等环节。

2. 电子秤的工作原理

电子秤的结构框图如图 1-19 所示，当被称物体放置在秤体的秤台上时，其重量便通过秤体传递到称重传感器，传感器随之产生力-电效应，将物体的重量转换成与被称物体重量成一定函数关系（一般成正比关系）的电信号（电压或电流等）。此信号由放大电路进行放大、经滤波后再由模/数（A/D）转换器进行转换，数字信号再送到微处理器的 CPU 进行处理，CPU 不断扫描键盘和各种功能开关，根据键盘输入内容和各种功能开关的状态进行必要的判断、分析，由仪表的软件来控制各种运算。运算结果送到内存储器，需要显示时，CPU 发出指令，从内存储器中读出送到显示器显示，或送至打印机进行打印。一般地，信号的放大、滤波、A/D 转换以及信号的各种运算处理都在仪表中完成。

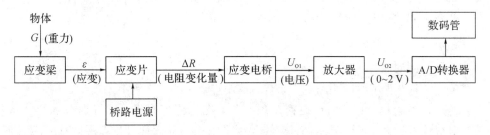

图 1-19　电子秤结构框图

活动二　电子秤电路的设计与仿真

1. 电子秤电路图

电子秤电路图如图 1-20 所示，采用 E350—ZAA 箔式应变片，其常态阻值为 350 Ω。

2. 元件的选择

（1）IC₁ 选用 ICL7126 集成块；IC₂、IC₃ 选用高精度低温标精密运放 OP-07；IC₄ 选用 LM385—1.2 V。

（2）传感器 RI 选用 E350—ZAA 箔式电阻应变片，其常态阻值为 350 Ω。

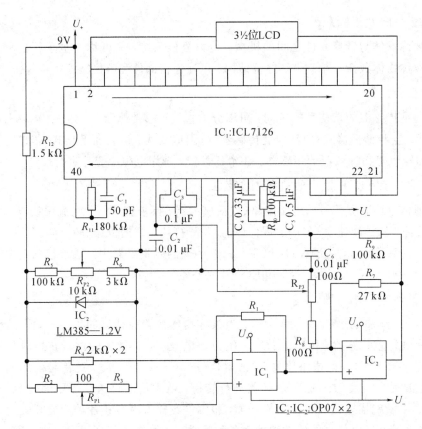

图 1-20 电子秤电路图

（3）各电阻元件宜选用精密金属膜电阻。

（4）R_{P1} 选用精密多圈电位器，R_{P2}、R_{P3} 经调试后可分别用精密金属膜电阻代替。

（5）电容中 C_1 选用云母电容或瓷介电容。

3. 制作

（1）电子线路的制作：

元件布置：横平竖直，间距适当；锡焊：控制焊点大小，注意不要虚焊。

（2）变形钢件的制作：可用普通钢锯条制作，先将锯齿磨平，再将锯条加热弯成"U"形，并在对应位置钻孔，以装显示部件。然后再进行淬火和表面处理，秤钩粘于钢件底部。应变片用应变胶粘剂粘接于钢件变形最大的部位。

4. 调试

（1）在秤体自然下垂无负载时调节 R_{P1}，显示为零；

（2）调整 R_{P2}，使秤体承担满量程 2 kg 时显示满量程值；

（3）在秤钩下悬挂 1 kg 的标准砝码，观察显示器是否显示 1.000，如有偏差，可调整 R_{P3} 值，使之准确显示 1.000；

（4）重新进行（2）、（3）步骤，使之均满足要求为止；

（5）准确测量 R_{P2}、R_{P3} 值，用固定精密电阻代替。

任务 3　创客天地——Arduino 与重量传感器

1. 概述

Arduino 中的重量传感器模块如图 1-21 所示，该传感器能够感知自身所受重量的变化，转换为微弱的电流变化，转接模块会利用内置的程序解读电流变化，输出 Arduino 可以理解的模拟信号或者数字信号。该传感器体积小、集成度高、反应灵敏、数据可靠，大大缩小了电子秤的体积，被广泛应用于电子秤生产和工业测量。

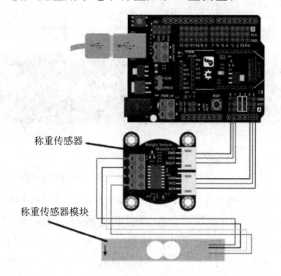

图 1-21　Arduino 与重量传感器模块的硬件接线图

2. Arduino 与重量传感器的硬件连线图

按图 1-21 选择 Arduino 中的模块，完成模块间的硬件接线。

3. Arduino 程序的下载与测试

在 Arduino 菜单栏工具中，选中 Arduino Leonardo，并选择正确的串口号，上传样例程序(扫描图 1-22(a)中二维码，可下载样例程序)，下载完成后，按照图 1-22(b)所示，将称重传感器水平放置，出线端固定于桌面，另一头悬空于桌面。轻按传感器，可以看到串口的数据显示。

（a）二维码　　　　　　　　（b）测试

图 1-22　重量传感器模块程序验证

◇ **透视实体——企业案例**

桥梁固有频率的测量

测量桥梁固有频率可用来判断桥梁结构的安全状况，对重要桥梁通常每年进行一次测量。当桥梁固有频率发生变化时，说明桥梁结构有变化，应进行仔细的结构安全检查。测量桥梁固有频率可采用在桥梁中部的桥身上粘贴应变片，形成半桥或全桥的测量电路的方法，如图1-23所示。

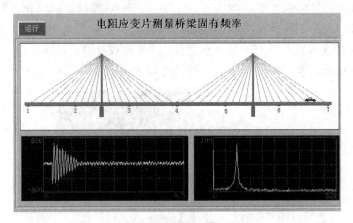

图1-23 电阻应变片测量桥梁固有频率

在桥梁中部的桥面上设置一个三角枕木障碍，然后用载重20吨、30吨的卡车以每小时40公里、80公里的速度通过大桥。当前进中的汽车遇到障碍时对桥梁形成一个冲击力，激起桥梁的脉冲响应振动。用应变片测量振动引起的桥身应变，从应变信号中可以分析出桥梁的固有频率。图1-24是电阻应变式传感器在冲床和地音入侵探测器中的应用，振动式地音入侵探测器，适合于金库、仓库、古建筑的防范，挖墙、打洞、爆破等破坏行为均可及时发现。感兴趣的同学可以自行分析其工作原理。

（a）冲床生产计数和生产过程监测　　　　（b）振动式地音入侵探测器

图1-24 电阻应变式传感器的实际应用案例

🏃 **知识拓展**

常用的电阻应变式传感器产品

常见的电阻应变式传感器产品如图1-25所示。

BK-2S称重传感器（如图1-25(a)所示）采用国际流行的双梁式或剪切S梁结构，拉、压输出对称性好，测量精度高，结构紧凑，安装方便，广泛用于机电结合秤、料斗秤、包装秤等各种测力、称重系统中。该传感器的各项参数为：电桥电压12 V DC，输入阻抗380 Ω

±20 Ω，输出阻抗350 Ω±10 Ω，绝缘电阻≥2000 MΩ，工作温度−10～+50℃。

BK−4轮辐式传感器(如图1−25(b)所示)采用轮辐式结构，高度低，抗偏、抗侧能力强，测量精度高，性能稳定、可靠，安装方便，是大、中量程精度传感器中的最佳形式，广泛应用于各种电子衡器和各种力值测量，如汽车衡、轨道衡、吊勾秤、料斗秤。

AK−1型应变式脉动压力传感器(如图1−25(c)所示)采用外壳和膜片为一体的圆膜片结构，尺寸小，安装方便，频响高，精度高，性能稳定可靠，适用于各种动、静态，气、液体介质的压力测量。

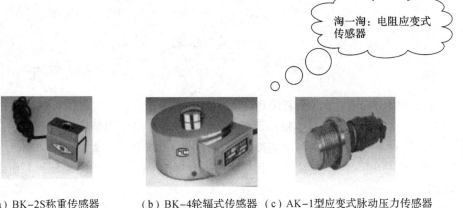

（a）BK−2S称重传感器　　（b）BK−4轮辐式传感器　（c）AK−1型应变式脉动压力传感器

图1−25　常见的电阻应变式传感器

项目一小结

本项目任务一利用实物解剖，投影、多媒体软件等媒体技术，介绍电阻应变式传感器的结构、特点、用途、分类、规格及工作原理；任务二完成电阻应变式传感器代表性产品电子秤的设计与制作；任务三利用 Arduino 中的传感器模块完成创新实验。在实际教学中，任务二和任务三可根据实际需要选择其中一项任务完成即可。

（1）电阻应变式传感器的工作原理——应变效应：导体或半导体材料在外界力的作用下产生机械变形时，其电阻值相应发生变化，这种现象称为"应变效应"。

（2）电阻应变式传感器的组成：电阻应变式传感器敏感元件一般为各种弹性敏感元件，传感元件为应变片，测量电路一般为桥式电路。

（3）弹性敏感元件：物体在外力作用下改变原来尺寸或形状的现象称为变形。若外力去除后物体又能完全恢复其原来的尺寸和形状，这种变形称为弹性变形。具有弹性变形特性的物体称为弹性体，又可称为弹性敏感元件。

（4）应变片的组成和分类：金属电阻应变片由敏感栅、基底、覆盖层和引线等部分组成。常见的应变片有金属应变片和半导体应变片，金属应变片又分为金属丝式、金属箔式和薄膜式应变片三种。

（5）电阻应变式传感器的测量转换电路——桥式电路的平衡条件：输出电压 $U_o=0$，为了使电桥在测量前的输出电压为零，应选择四个桥臂电阻，使 $R_1 \cdot R_4 = R_2 \cdot R_3$ 或 $R_1/R_2 = R_3/R_4$。

（6）桥式电桥的分类：单臂直流电桥、双臂直流电桥、全桥差动电路，全桥差动电路不仅没有非线性误差，而且电压灵敏度为单片工作时的 4 倍。

（7）电桥平衡条件：欲使电桥平衡，其相邻两臂电阻的比值应相等，或相对两臂电阻的乘积应相等。

（8）电桥四臂接入四片应变片，即两个受拉应变，两个受压应变，将两个应变符号相同的接入相对桥臂上。

思考与练习

1. 何为电阻应变效应？怎么利用这种效应制成应变片？

2. 电阻应变式传感器的基本组成是什么？各部分的作用分别是什么？

3. 金属箔式应变片和金属丝式应变片的应用特点及区别是什么？

4. 如图 1-26 所示一直流应变电桥。图中，$E = 4$ V，$R_1 = R_2 = R_3 = R_4 = 120$ Ω，试求：

（1）R_1 为金属电阻应变片，其余为外接电阻。当 R_1 的增量 $\Delta R_1 = 1.2\Omega$ 时，电桥输出电压 U_o 是多少？

（2）R_1、R_2 都是应变片，且批号相同，感受应变的极性和大小都相同，其余为外接电阻，电桥输出电压 U_o 是多少？

（3）题（2）中，如果 R_2 与 R_1 感受的极性相反，且 $|\Delta R_1| = |\Delta R_2| = 1.2$ Ω，则电桥输出电压 U_o 是多少？

5. 图 1-27 是应变式水平仪的结构示意图。应变片 R_1、R_2、R_3、R_4 粘贴在悬臂梁上，悬臂梁的自由端安装一质量块，水平仪放置于被测平面上。请利用所学知识，写出该水平仪的工作原理。

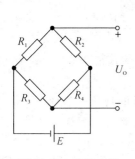

图 1-26 直流电桥

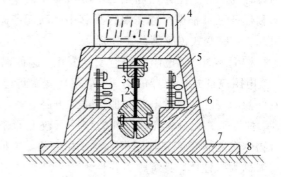

1—质量块；2—悬臂梁；3—应变片；4—显示器；5—信号处理器；
6—限位器；7—外壳；8—被测平面
图 1-27 应变式水平仪结构示意图

项目二　电感传感器与感应式防盗报警器的设计

 学习目标

1. 理解电感传感器的工作原理。
2. 了解电感传感器的分类与主要技术参数。
3. 能正确安装接近开关等常见的电感式传感器。
4. 能正确设计与制作电感测微仪。

情景案例

　　电感式传感器是利用电磁感应把被测的物理量，如位移、压力、流量、振动等转换成线圈的自感系数和互感系数的变化，再由电路转换为电压或电流的变化量输出，实现非电量到电量的转换的装置。根据其引起电感量变化的参数不同，可分为自感式（变磁阻式）、互感式（差动变压器式）和涡流式三种。

　　图2-1为一组电感应变式传感器的应用案例。

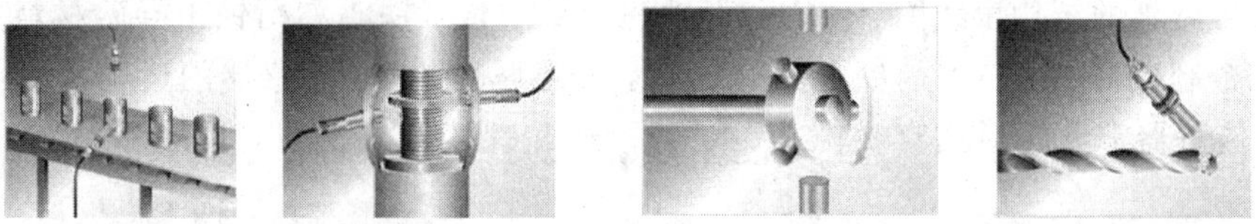

（a）识别罐和盖子　　（b）识别阀的位置　　（c）检测速度和方向　　（d）识别断裂的钻头

图2-1　电感传感器应用案例

任务1　学习自感（变磁阻式）传感器

活动一　神奇的实验：探索自感式传感器工作原理

1. 演示实验

　　做以下的实验：将一只380 V交流接触器线圈与交流毫安表串联后，接到机床用控制变压器的36 V交流电压源上，如图2-2所示。这时毫安表的示值约为几十毫安。用手慢慢将接触器的活动铁心（称为衔铁）往下按，我们会发现毫安表的读数在逐渐减小。当衔铁与固定铁心之间的气隙等于零时，毫安表的读数只剩下十几毫安。

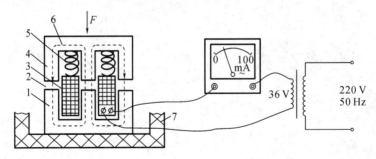

1—固定铁心；2—气隙；3—线圈；4—衔铁；5—弹簧；6—磁力线；7—绝缘外壳

图 2-2　线圈铁心的气隙与电感量及电流的关系实验

2. 自感(变磁阻式)传感器的工作原理

通过演示实验可以发现，当铁心的气隙较大时，磁路的磁阻 R_m 也较大，线圈的电感量 L 和感抗 X_L 较小，所以电流 I 较大。当铁心的气隙减小时，磁阻变小，电感变大，电流减小，自感量随气隙而改变。科学家进一步研究发现，线圈的自感量除了与非电量气隙厚度 δ 有关，还与气隙截面积 A 有关，线圈电感 L 的计算公式如下：

$$L \approx \frac{N^2}{R_\delta} = \frac{\mu_0 A N^2}{2\delta} \tag{2-1}$$

这种利用电磁感应原理将被测非电量转换成线圈自感系数 L 的变化，再由测量电路转换为电压或电流的变化量输出的装置称为自感式传感器，也称为变磁阻式传感器。

活动二　剖析自感(变磁阻式)传感器的结构与特点

自感传感器的结构由线圈、铁心和衔铁三部分组成。铁心和衔铁由导磁材料如硅钢片或坡莫合金制成，在铁心和衔铁之间有气隙，气隙厚度为 δ，传感器的运动部分与衔铁相连。自感传感器常见的形式有变隙式、变面积式和螺线管式三种，原理示意图如图 2-3 所示。

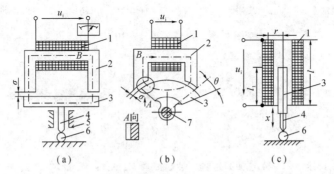

(a)　　　　　　　(b)　　　　　　　(c)

1—线圈；2—铁心；3—衔铁；4—测杆；5—导轨；6—工件；7—转轴

图 2-3　常见的自感传感器原理示意图

图 2-3(a)为变气隙厚度式自感传感器。其结构特点是：气隙截面积 A 保持不变，则自感量 L 为 δ 的单值函数，构成变气隙厚度式自感传感器。变气隙厚度式自感传感器灵敏度较高，用于测量微小位移，其缺点是非线性误差较大。

图2-3(b)为变面积式电感传感器。其结构特点是：保持气隙间距δ不变，A随被测量（如位移）变化而变化。变面积式电感传感器用于线性度好，可测量较大位移，灵敏度不高。

图2-3(c)为螺线管式传感器。其结构简单，在线圈中放入圆柱形衔铁，当衔铁上下移动时，自感量将相应变化。适用于测量稍大一点的位移，灵敏度低是其缺点，但可以在放大电路方面加以解决，应用较广。

差 动 结 构

在实际使用中，常采用两个相同的传感线圈共用一个衔铁，构成差动式自感传感器，如图2-4所示，它们两个线圈的电气参数和几何尺寸要求完全相同。

单线圈式和差动式两种电感传感器的特性比较：

（1）差动式比单线圈式的灵敏度高一倍；

（2）差动式的非线性项等于单线圈非线性项乘以因子，差动式的线性度得到明显改善；

（3）补偿温度变化、电源频率变化等的影响，从而减少了由于外界影响造成的误差。

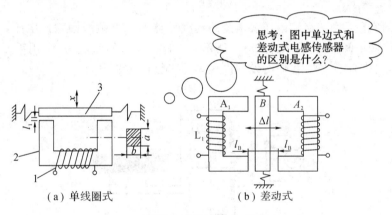

（a）单线圈式　　　　　（b）差动式

1—线圈；2—铁心；3—衔铁

图2-4　差动式自感传感器

任务2　学习互感传感器

活动一　互感传感器的结构与特点

互感传感器又称为差动变压器传感器（Differential Transformer Transducer，简称差动变压器）。其结构与变压器结构相似，如图2-5所示。只是将变压器的两个二次侧线圈做差动连接，所以被称为差动变压器传感器。

差动变压器是把被测位移量转换为一次线圈与二次线圈间的互感量 M 的变化的装置。当一次线圈接入激励电源之后，二次线圈将会产生感应电动势，当两者间的互感量变化时，感应电动势也相应变化。目前应用最广泛的结构型式是螺线管式差动变压器。

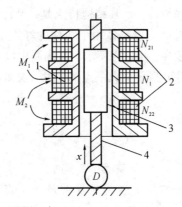

1——次线圈；2—二次线圈；3—衔铁；4—测杆

图2-5　差动变压器结构示意图及外形图

活动二　神奇的实验：探索互感式传感器工作原理

1. 演示实验

做以下的实验：用一交流电压表检测差动变压器的二次侧线圈输出电压，当衔铁处于两个二次侧线圈中间位置时，如图2-6所示。这时毫安表的示值为0，用手慢慢移动接触器的活动铁心（称为衔铁），我们会发现电压表的读数在逐渐增大。

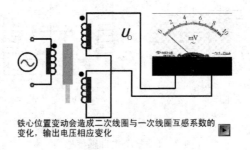

铁心位置变动会造成二次线圈与一次线圈互感系数的变化，输出电压相应变化

图2-6　差动变压器式传感器演示实验

2. 互感传感器（差动变压器）的工作原理

互感传感器（差动变压器）的工作原理图如图2-7所示。

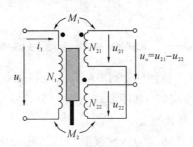

图2-7　差动变压器原理图

当衔铁处于中间位置时，若工艺上保证变压器结构完全对称，必然会使两互感系数相

等。桥路平衡，输出电压为 0。

当衔铁下移时：衔铁移向二次绕组 N_{22} 一侧，互感 M_2 增大，M_1 减小，因而二次绕组 N_{22} 的感应电动势大于二次绕组 N_{21} 的感应电动势，差动变压器输出电动势不为零。衔铁位移越大，差动变压器输出电动势就越大，输出电压的相位与激励源反相。

当衔铁上移时：衔铁移向二次绕组 N_{21} 一侧，互感 M_1 增大，M_2 减小，因而二次绕组 N_{21} 的感应电动势大于二次绕组 N_{22} 的感应电动势，差动变压器输出电动势不为零。在传感器的量程内，衔铁位移越大，差动变压器输出电动势就越大，输出电压的相位与激励源同相。

 知识拓展

相敏检波电路

如果输出电压在送到指示仪前经过一个能判别相位的检波电路，则不但可以反映位移的大小（输出电压的幅值），还可以反映位移的方向（输出电压的相位），这种检波电路称为相敏检波电路，如图 2-8 所示。相敏检波电路的输出电压为直流，其极性由输入电压的相位决定。当衔铁向下位移时，检流计的仪表指针正向偏转；当衔铁向上位移时，仪表指针反向偏转。采用相敏检波电路，得到的输出信号既能反映位移大小，也能反映位移方向。

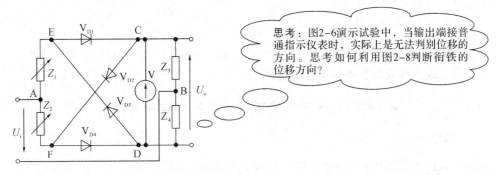

思考：图2-6演示试验中，当输出端接普通指示仪表时，实际上是无法判别位移的方向。思考如何利用图2-8判断衔铁的位移方向？

图 2-8 带相敏整流的交流电桥电路

任务 3 电涡流式传感器

活动一 神奇的实验：探索电涡流式传感器工作原理

1. 演示实验

做以下的实验：将一只电涡流探头逐渐靠近各种实验用的金属板，例如电池外壳、黑板擦、硬币等等，电流表指针发生变化，随着金属板与探头之间的距离减小而变大。将非导电物体，例如粉笔盒、书、玻璃杯等靠近探头，电流表指针不变。

从演示实验中可以看出，探头与金属物体的距离靠近后，两者之间的互感量 M 将会变大，从而导致探头线圈的等效电感减小，所以谐振电路的输出频率变大。

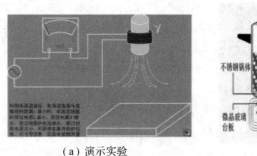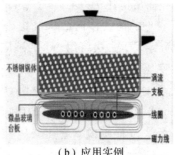

（a）演示实验　　　　　　　　　　　（b）应用实例

图 2-9　电涡流传感器演示实验与应用

2. 电涡流式传感器的工作原理

金属导体置于变化的磁场中时，导体表面会有感应电流产生。电流的流线在金属体内自行闭合，这种由电磁感应原理产生的旋涡状感应电流称为电涡流，这种现象称为电涡流效应。

电涡流线圈受电涡流影响时的等效阻抗 Z 与金属导体的 f、μ、σ 有关，与电涡流线圈的激励源频率 $f(f=\omega/2\pi)$ 等有关，还与金属导体的形状、表面因素（粗糙度、沟痕、裂纹等）r 有关。更重要的是与线圈到金属导体的间距（距离）x 有关，可用以下的函数表达式来表示

$$Z = R + j\omega L = f(f、\mu、\sigma、r、x) \tag{2-2}$$

结论： 如果控制式（2-2）中的 f、μ、σ、r 不变，电涡流线圈的阻抗 Z 则会成为间距 x 的单值函数，这样就成为非接触位移传感器。

活动二　探索电涡流传感器的结构及类型

1. 电涡流传感器的结构

电涡流式传感器的基本结构主要由线圈和框架组成。根据线圈在框架上的安置方法，传感器的结构可分为两种形式：一种是单独绕成一只无框架的扁平圆形线圈，用胶水将此线圈粘接于框架的顶部，如图 2-10 所示的 CZF3 型电涡流式传感器；另一种是在框架的接近端面处开一条细槽，用导线在槽中绕成一只线圈，如图 2-11 所示的 CZF1 型电涡流式传感器。

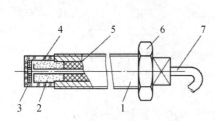

1—壳体；2—框架；3—线圈；4—保护套；
5—填料；6—螺母；7—电缆
图 2-10　CZF3 型电涡流式传感器

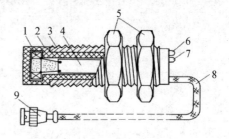

1—电涡流线圈；2—探头壳体；3—壳体上的位置调节螺纹；
4—印制电路板；5—夹持螺母；6—电源指示灯；
7—阀值指示灯；8—输出屏蔽电缆线；9—电缆插头
图 2-11　CZF1 型电涡流式传感器

2. 电涡流传感器的类型

金属导体内的渗透深度与传感器线圈的激励信号频率有关，故电涡流式传感器可分为高频反射式和低频透射式两类。目前高频反射式电涡流传感器应用较广泛。

高频反射式电涡流传感器原理示意图如图 2-12(a)所示，高频信号激励传感器线圈产生高频交变磁场，当被测导体靠近线圈时，产生电涡流，而电涡流又产生一交变磁场阻碍外磁场的变化。

低频反射式电涡流传感器原理示意图如图 2-12(b)所示，发射线圈和接收线圈置于被测金属板上下方。当低频电压加到线圈 1 的两端后，产生磁场线的一部分透过金属板，使线圈 2 产生感应电动势。但涡流会消耗部分磁场能量，使感应电动势减少，金属板越厚，损耗的能量越大，输出电动势越小。

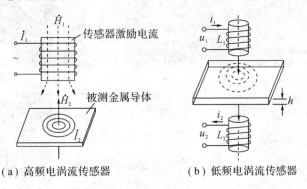

（a）高频电涡流传感器　　　　　　（b）低频电涡流传感器

图 2-12　电涡流传感器常见类型

任务 4　学习电感式接近开关

接近开关又称无触点行程开关。它能在一定的距离（几毫米至几十毫米）内检测有无物体靠近。当物体进入其设定距离范围内时，就发出"动作"信号。接近开关的核心部分是"感辨头"，它对正在接近的物体有很高的感辨能力。在生物界，眼镜蛇的尾部能感辨出人体发出的红外线，而电涡流探头能感辨金属导体的靠近。常用的接近开关有电涡流式（以下简称电感式接近开关或电感式传感器）、电容式、磁性干簧开关、霍尔式、光电式、微动式、超声波式等。

1. 电感式接近开关的工作原理

电感式接近开关内部用电磁线圈作为传感元件，利用电磁感应原理来产生信号，因此，能非接触式地检测到金属目标物，即当有金属目标物进入它的检测范围之内时，会产生信号输出。

电感式传感器一般都是三线制传感器，且有传感器指示灯，当传感器有信号输出时，指示灯亮，当传感器没有信号输出时，指示灯熄灭。

2. 电感式接近开关的安装与接线

电感式传感器的工作电压为 10～30 V DC，因此安装时要保证：给电感式传感器提供合适的工作电压，一般我们选用 24 V DC 的电源给传感器供电。进行电路安装时，将棕色线接电源的"＋"，蓝色线接电源的"－"，黑色线接信号输入端。当传感器用来为 PLC 提供信号时，可按如图 2-13 所示的电气原理图接线，图 2-14 是电感式接近开关安装在支架上的步骤。

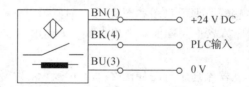

图 2-13　电感式传感器接线原理图

（a）拆下固定螺母　　　　　　　　　　（b）将传感器插入安装孔

（c）根据被检测物料的密度和
检测距离调节传感器高度　　　　（d）旋上固定螺母　　　（e）拧紧固定螺母

图 2-14　电感式传感器的安装示意图

任务5　电感传感器应用训练——感应式防盗报警器

活动一　认识感应式防盗报警器工作原理

防盗报警器的工作原理：电感传感器，通过外接环形天线 W 向周围空间发射微波信号。无人进入防盗监视区内时，电感传感器（IC_1）输出恒定的直流电压，电子开关电路（IC_2）截止，报警电路不动作。有人进入 IC_1 的监视区域内活动时，电感传感器接收到被人体反射回来的微波信号，输出脉动电压，电子开关电路（IC_2）导通，报警电路动作，反复发出响亮的报警声。即使侵入者远离监视区域，报警器也会持续报警一段时间。

活动二　感应式防盗报警器的设计与仿真

1. 感应式防盗报警器的电路图

防盗报警器采用电感式传感器，具有灵敏度高、监视范围广等特点，适用于仓库或庭院作夜间防盗之用，其电路图如图 2-15 所示。

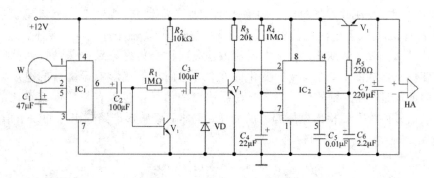

图 2-15 感应式防盗报警器的电路图

2. 元件选择

(1) IC$_1$选用 RD627 电感传感器模块；IC$_2$选用 NE555 时基集成电路。

(2) V$_2$选用 3DK4 开关三极管；V$_1$和 V$_3$选用 8050 型 NPN 中功率三极管，要求电流放大系数 $\beta > 100$。

(3) R$_1$~R$_5$选用 RTX-1/4W 碳膜电阻器。

(4) C$_1$~C$_4$、C$_6$ 和 C$_7$均选用 CD11-16V 的电解电容器；C$_5$选用涤纶电容器。

(5) HA 选用专用内置语音集成电路和扬声器的高响度声响报警器。

(6) 天线 W 可选用黑白电视机特高频(UHF)用室内环形天线(天线与 IC$_1$的 1 脚、2 脚之间用阻抗为 7 Ω馈线连接)。

(7) 电源选用 12 V 直流稳压源。

3. 仿真(制作)与调试

(1) 利用 Arduino 套件完成防盗报警器电路的搭建，并通过串口发送给上位机，仿真观察实验结果。

(2) 电子线路的制作：

元件布置：横平竖直，间距适当；锡焊：控制焊点大小，注意不能虚焊。

(3) 调试报警时间。按电路图焊接好后，即可通电调试。调整电阻器 R$_4$ 和电容器 C$_4$ 的数值，可决定报警时间的长短。

◇ **透视实体——几种电感传感器**

1. 电感测速仪

电感测速仪(如图 2-16 所示)，是利用电涡流效应制成的。

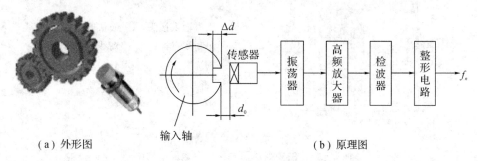

(a) 外形图 (b) 原理图

图 2-16 电感测速仪

具体工作过程：在软磁材料制成的输入轴上加工一键槽（或装上一个齿轮状的零件），在距输入表面 d_0 处放置电涡流传感器，输入轴与被测旋转轴相连。当旋转体转动时，输出轴的距离发生 $d_0+\Delta d$ 的变化。由于电涡流效应，这种变化将导致振荡谐振回路的品质因数变化，使传感器线圈电感随 Δd 的变化而变化，它们将直接影响振荡器的电压幅值和振荡频率。因此，随着输入轴的旋转，从振荡器输出的信号中包含有与转数成正比的脉冲频率信号。该信号由检波器检出电压幅值的变化量，然后经整形电路输出脉冲频率信号 f，该信号经电路处理便可得到被测转速 n：

$$n = \frac{f}{N} \times 60 \ (\text{r/min}) \tag{2-3}$$

式中，N 表示键槽的槽数（或齿轮的齿数）。

2. 电感式不圆度计

电感测头围绕工件缓慢旋转，也可以是测头固定不动，工件绕轴心旋转。耐磨测端（多为钨钢或红宝石）与工件接触。信号经计算机处理后给出图 2-17(a)所示图形。该图形按一定的比例放大工件的不圆度，以便用户分析测量结果，如图 2-17(b)所示。

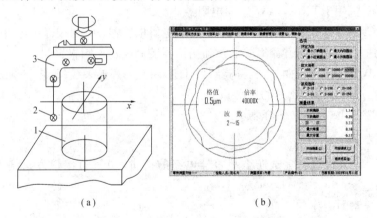

（a）　　　　　　　　　　　　　（b）

图 2-17　电感式不圆度仪及其原理图

3. 差动变压器式压力变送器

差动变压器式压力变送器结构、外形及电路图如图 2-18 所示。它适用于测量各种生产流程中液体、水蒸气及气体压力。在该图中，能将压力转换为位移的弹性敏感元件称为膜盒。

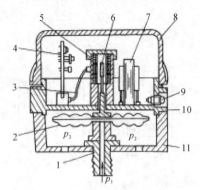

1—压力输入接头；2—波纹膜盒；3—电缆；

4—印制线路板；5—差动线圈；6—衔铁；

7—电源变压器；8—罩壳；9—指示灯；

10—密封隔板；11—安装底座

图 2-18　差动变压器式压力变送器结构图

差动变压器的二次线圈的输出电压通过半波差动整流电路、低通滤波电路后，作为变送器的输出信号，可接入二次仪表加以显示。线路中，R_{P1} 是调零电位器，R_{P2} 是调量程电位器。差动整流电路的输出也可以进一步作电压/电流变换，输出与压力成正比的电流信号，称为电流输出型变送器，它在各种变送器中占有很大的比例。

4. 电感测微仪

电感测微仪(如图 2-19 所示)电路系统主要由信号转换电路、运算放大电路、滤波输出电路、量程切换电路和窗口电压比较电路五部分组成。传感器输出交流电压信号，电压值与传感器磁芯位置成正比，经过信号转换电路将其转换为相应的直流电压信号。运算放大电路对直流电压信号进行放大，以满足后续电路的电压需求；放大后的直流信号经过滤波输出电路输出到 A/D 卡，在计算机控制下实现自动检测；同时，滤波信号经量程切换电路，将直流电压信号以对应电表不同量程的位移值得以显示，从而提供直观的测量结果；滤波信号经窗口电压比较电路可检测到测头的位移状态，分别以检测、安装、报警等状态显示输出，保证了安装和检测过程的安全。

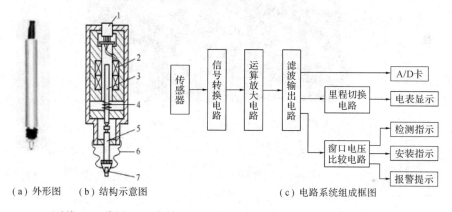

(a) 外形图　(b) 结构示意图　　　　　(c) 电路系统组成框图

1—引线；2—线圈；3—衔铁；4—测力弹簧；5—导杆；6—密封罩；7—测头

图 2-19　电感测微仪

任务6　创客天地——Arduino 与磁感应传感器

1. 概述

Arduino 中的磁感应传感器模块如图 2-20 所示，该传感器是基于感磁材料的磁性传感器，可以用来对磁性材料(磁铁)的探测，探测范围可达 3 cm 左右(探测范围和磁性强弱有关)，与 Arduino 专用传感器扩展板结合使用，可以制作与磁性材料(磁铁)相关的互动作品。数字磁感应传感器模块管脚定义：信号输出、电源(VCC)、地(GND)。

图 2-20　磁感应传感器模块

2. Arduino 与磁感应传感器的硬件连线图

按图 2 - 21 选择 Arduino 中的模块,完成模块间的硬件接线。

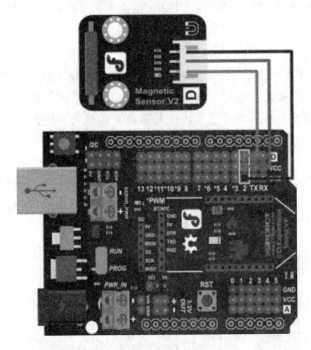

图 2 - 21　Arduino 与磁感应传感器接线图

3. Arduino 程序下载与测试

在 Arduino 菜单栏工具中,选择 Arduino Leonardo 并选择正确的串口号,上传图 2 - 22(a)样例程序(扫描图 2 - 22(b)中二维码,可下载样例程序),程序下载完成后,试验发现磁性材料接近传感器 3 cm 左右,LED 灯亮。

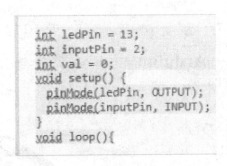

```
int ledPin = 13;
int inputPin = 2;
int val = 0;
void setup() {
  pinMode(ledPin, OUTPUT);
  pinMode(inputPin, INPUT);
}
void loop(){
```

(a) 样例程序　　　　　　　　　　　　(b) 二维码

图 2 - 22　Arduino 程序下载

 知识拓展

几种电感传感器

常见的电感传器如图 2 - 23 所示。

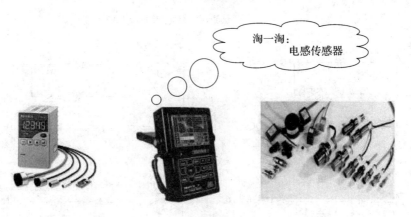

图 2-23 常见的电感传感器

1. 位移测量仪

位移测量包含：偏心、间隙、位置、倾斜、弯曲、变形、移动、圆度、冲击、偏心率、冲程、宽度等。来自不同应用领域的许多量都可归结为位移或间隙的变化。

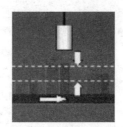

（a）检测偏心和振动　　　（b）检测工件尺寸　　　（c）测量封口机间隙

图 2-24 位移测量仪应用案例

2. 电涡流探伤仪

利用电涡流探伤仪（图 2-25(a)）可以检测金属表面是否有裂纹。电涡流探伤仪的工作原理是载有交变电流的线圈产生交变磁场 H_p，金属物平面感应出电涡流，产生交变涡流磁场 H_s，均在检测线圈（反向差动线圈）中产生感应电动势，如图 2-25(b)所示。

如果被测金属物上无缺陷，则穿过检测线圈的两个线圈的磁通量相等，感应电势相互抵消，输出为零。如果被测金属物上有缺陷，则穿过两个检测线圈的磁通量不相等，检测线圈输出感应电势不为零，其波形图如图 2-25(c)所示。

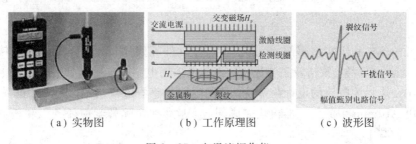

（a）实物图　　　（b）工作原理图　　　（c）波形图

图 2-25 电涡流探伤仪

3. 电涡流式接近开关

电涡流式接近开关常用的输出形式有：NPN 二线，NPN 三线，NPN 四线，PNP 二线，PNP

三线，PNP 四线，DC 二线，AC 二线，AC 五线(带继电器)等几种，接线方法参考图2-26。

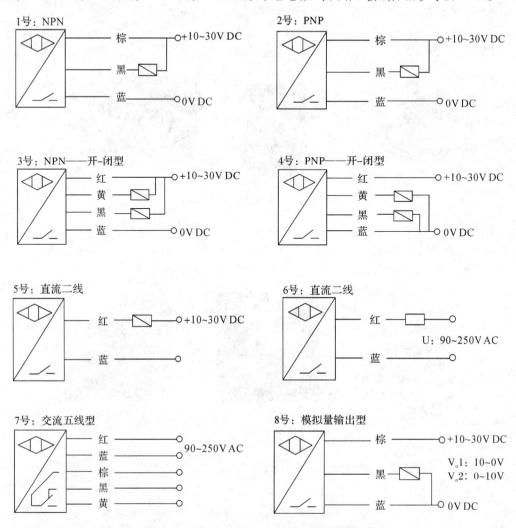

图 2-26　常见电涡流式接近开关的接线方式

项目二小结

本项目任务一利用实物解剖、投影、多媒体软件等媒体技术，介绍电感式传感器的结构、特点、用途、分类、规格及工作原理。任务二采用电感式传感器代表性产品电感测微仪设计与制作完成相关电路的设计与搭建，使用电感传感器进行检测，完成数据采集、处理。任务三利用 Arduino 中的传感器模块完成创新实验。在实际教学中任务二和任务三可根据实际需要选择其中一项任务完成即可。

（1）电感传感器利用被测量的变化使线圈电感量发生改变来实现测量的，它可分为自感式传感器、变压器式传感器、电涡流传感器等几种。

（2）自感式传感器有变间隙传感器、变面积式传感器和螺线管式传感器。为提升传感器的灵敏度和线性度，通常将自感传感器设计为差动结构。

(3) 变压器式传感器属于互感式传感器，把被测得的非电量转换为线圈间互感量的变化。

(4) 将变压器的两个二次侧线圈做差动连接称为差动变压器传感器。

(5) 电涡流式传感器的工作原理是电涡流效应——金属导体置于变化的磁场中时，导体表面就会有感应电流产生。电流的流线在金属体内自行闭合，这种由电磁感应原理产生的旋涡状感应电流称为电涡流，这种现象称为电涡流效应。

(6) 相敏检波电路——不但可以反映位移的大小(输出电压的幅值)，还可以反映位移的方向(输出电压的相位)。

(7) 电涡流式传感器具有结构简单，频率响应宽，灵敏度高，测量范围大，抗干扰能力强等优点，特别是电涡流式传感器可以实现非接触式测量。

(8) 电涡流式传感器可分为高频反射式和低频透射式两类。

思考与练习

1. 什么是自感式传感器？常见的自感式传感器有哪几种形式？

2. 电感传感器采用差动结构的优点有哪些？

3. 简述差动变压器传感器的工作原理。

4. 请将图 2-27 中二次线圈 N_{21}、N_{22} 的有关端点正确地连起来，并指出哪两个为输出端点。

5. 图 2-28 中，设齿数 $z=48$，测得频率 $f=120$ Hz，请按上述公式计算该齿轮的转速 n。

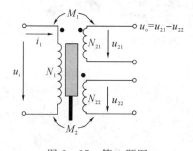

图 2-27　第 4 题图

图 2-28　第 5 题图

6. 请按图 2-29 接线图将各元件正确地连接起来。

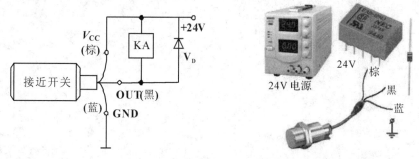

图 2-29　第 6 题图

7. 图 3-30 是电感传感器在轴承滚柱直径分选中的应用，即利用电感测微仪实现轴承滚柱直径分选任务。同学们可自行分析该设备的工作过程。

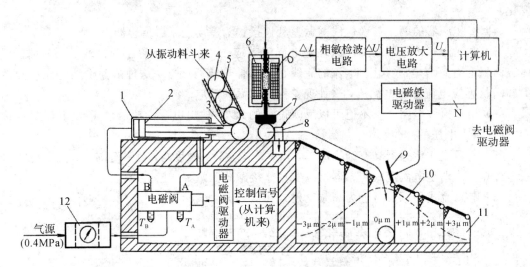

1—气缸；2—活塞；3—推杆；4—被测滚珠；
5—落料管；6—电感测微仪；7—钨钢测头；
8—限位挡板；9—电磁翻板；10—料斗

图 2-30 第七题图

项目三　电容传感器与角位移测量仪的设计

　学习目标

1. 掌握电容式传感器工作原理、基本结构和工作类型。
2. 掌握电容传感器常用信号处理电路的特点。
3. 了解电容传感器的应用。
4. 能正确设计与制作角位移测量仪。

情景案例

　　现代生活中人们离不开水，所以各式各样的给水用具与人们息息相关。自动感应或控制的给水控制装置不仅方便使用，也有避免接触感染、提高卫生条件的功效，并且有利于节约用水。电容感应式水龙头是应用较广泛的一种，当手或物体靠近水龙头时，水龙头会自动定量出水。电容式传感器是无源传感器的一种，它是把被测量(如压力、位移、尺寸等)的变化转换为电容量变化的一种传感器，它广泛应用于压力、微小位移、振动等物理量的测量。图3-1为一组电容传感器的应用案例。

　　(a) 电容感应式水龙头　　　　　　(b) 电容式差压变送器　　　　　　(c) 电容式接近开关

图3-1　电容传感器应用实例

任务1　学习电容传感器

活动一　神奇的实验：探索电容传感器工作原理

做以下的实验：

(1) 将两片方形金属片相互靠近，用万用表的电容挡测量两者之间的电容量。

（2）在保持两金属片相对距离不变的情况下，在两金属片之间缓慢地放入塑料薄膜，观察万用表读数的变化。

（3）在保持两金属片相对距离不变的情况下，沿水平方向将其分开，观察万用表显示电容值的变化。

通过上述实验可以得出以下结论：电容量与两极板间相对的有效面积、介电常数成正比，而与两极板间的相对距离成反比。

活动二　学习电容传感器的工作原理、结构、分类

1. 电容传感器的工作原理

电容式传感器通常是由绝缘介质分开的两个平行金属板组成的平板电容器，若不考虑边缘效应，其电容量与绝缘介质的介电常数 ε、极板的有效面积 S，以及两极板间的距离 d 有关，即

$$C = \frac{\varepsilon S}{d} \tag{3-1}$$

当被测参数变化使得式（3-1）中的 ε、S 或 d 发生变化时，电容量 C 也随之变化。因此，电容式传感器可分为变极距式、变面积式和变介电常数式 3 种类型。下面将对这 3 种类型的电容式传感器进行介绍。

1）变极距式电容传感器

如果两极板的有效作用面积及极板间的介质保持不变，则电容 C 随极距 d 按非线性关系变化，如图 3-2 所示。

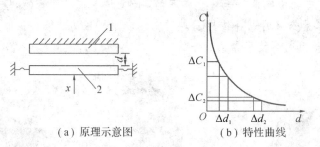

（a）原理示意图　　　　（b）特性曲线

1—定极板；2—动极板

图 3-2　变极距式电容传感器

设极板 2 未动时的初始电容为 $C_0 = \dfrac{\varepsilon S}{d_0}$，其中 d_0 为两极板初始值，当动极板 2 移动 Δd 后，其电容值为

$$C_d = \frac{\varepsilon S}{d_0 + \Delta d} = \frac{C_0}{1 - \dfrac{\Delta d}{d_0}} = C_0\left(1 + \frac{\Delta d}{d_0 - \Delta d}\right) = C_0 + \Delta C \tag{3-2}$$

可得

$$\Delta C = C_0 \frac{\Delta d}{d_0 - \Delta d} \tag{3-3}$$

则变极距式传感器的灵敏度为

$$K = \left|\frac{\Delta C}{\Delta d}\right| = \frac{C_0}{d_0 - \Delta d} \tag{3-4}$$

当 $\Delta d \ll d_0$ 时，

$$K \approx \frac{C_0}{d_0} = \frac{\varepsilon S}{d_0^2} \qquad (3-5)$$

由式(3-5)可见，变极距式电容传感器的灵敏度与极距的平方成正比，极距越小，灵敏度越高。但极距过小，容易引起电容器击穿或短路。变极距式电容传感器随极距变化而变化，当极距变化量较大时，非线性误差明显增加，为限制非线性误差，通常是在较小的极距变化范围内工作，一般取极距变化范围 $\Delta d / d_0 \leqslant 0.1$。为此，极板间可采用高介电常数的材料(云母、塑料膜等)作介质。

变极距式电容传感器具有非线性，所以在实际应用中，为了改善非线性、提高灵敏度和减小外界因素(如电源电压、环境温度)的影响，常常将传感器做成差动式结构或采用适当的测量电路来改善其非线性，如图3-3所示。图中的上、下两个极板是定极板，中间的极板是动极板，且两个电容极板的初始间距 $d_1 = d_2$。差动式比单极式灵敏度提高一倍，且非线性误差大为减小。由于结构上的对称性，它还能有效地补偿温度变化所造成的误差。

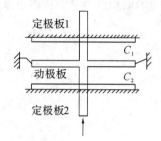

图3-3 差动式变极距电容传感器

极距变化型电容传感器的优点是可实现动态非接触测量，动态响应特性好，灵敏度和精度极高(可达 nm 级)，适应于较小位移(1 nm～1 μm)的精度测量。但传感器存在原理上的非线性误差，线路杂散电容(如电缆电容、分布电容等)的影响显著，为改善这些问题而需配合使用的电子电路比较复杂。

2) 变面积式电容传感器

与变极距式不同，变面积式电容传感器是通过动极板横向移动，引起两极板有效覆盖面积 S 的改变，从而得到电容的变化。其特点是电容量变化范围大，适合测量较大的线位移和角位移。

图3-4所示为几种变面积式电容传感器的原理示意图。在理想情况下，它们的灵敏度为一常数，不存在非线性误差，即输入、输出为理想的线性关系。实际上由于电场的边缘效应等因素的影响，仍存在一定的线性误差。

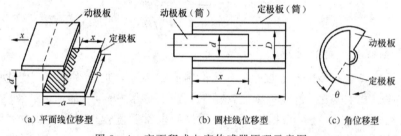

(a) 平面线位移型　　　(b) 圆柱线位移型　　　(c) 角位移型

图3-4 变面积式电容传感器原理示意图

图 3-4(a)所示为一直线位移型电容传感器的示意图。当被测量的变化引起动极板横向移动距离 Δx 时，覆盖面积 S 会发生变化，电容量 C 也随之改变，其值为

$$C_x = \frac{\varepsilon(a - \Delta x)b}{d} = \frac{\varepsilon ab}{d} - \frac{\varepsilon \Delta x b}{d} = C_0 - \Delta C \tag{3-6}$$

即

$$\Delta C = \frac{\varepsilon \Delta x b}{d} \tag{3-7}$$

由此可见，电容 C 的变化与直线位移 Δx 呈线性关系，其电容的灵敏度为

$$K = \left| \frac{\Delta C}{\Delta x} \right| = \frac{\varepsilon b}{d} \tag{3-8}$$

可见，直线位移型电容传感器的灵敏度 K 为一常数。分析可知，图 3-4(b)所示的圆柱线位移电容传感器的灵敏度也为一常数。

图 3-4(c)所示为角位移型电容传感器的示意图。当由于被测量的变化引起动极板有一角位移 θ 时，两极板间相互覆盖的面积会改变，从而也就改变了两极板间的电容量 C。此时，电容值为

$$C_\theta = \frac{\varepsilon S \left(1 - \dfrac{\theta}{\pi}\right)}{d} = C_0 \left(1 - \frac{\theta}{\pi}\right) = C_0 + \Delta C \tag{3-9}$$

即

$$\Delta C = -\frac{C_0 \theta}{\pi} \tag{3-10}$$

由式(3-10)可知，电容 C_θ 与角位移 θ 成线性关系。其灵敏度为

$$K = \left| \frac{\Delta C_\theta}{\Delta \theta} \right| = \frac{\varepsilon S}{\pi d} \tag{3-11}$$

由以上分析可知，变面积式电容传感器的输出是线性的，灵敏度 K 为一常数。

变面积式电容传感器具有良好的线性，大多用来检测位移等参数。变面积式电容传感器与变极距式相比，其灵敏度较低。因此，在实际应用中，一般也采用差动式结构，以提高灵敏度，如图 3-5 所示。其上、下两个圆筒为定极片，中间为动极片，当动极片上下移动时，与上、下定极片的对应面积发生变化，实现两边的电容成差动变化。

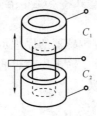

图 3-5　圆筒差动电容结构

3) 变介电常数式电容传感器

变介电常数式电容传感器的极距、有效作用面积不变，通过被测量的变化引起其极板之间的介质常数发生变化。这类传感器常用于位移、压力、厚度、加速度、液位、物位和成分含量等的测量。此外，还可根据极板间介质的介电常数随温度、湿度的改变而改变来测量介质材料的温度、湿度等。图 3-6 所示为几种常见的介质变化型电容传感器。

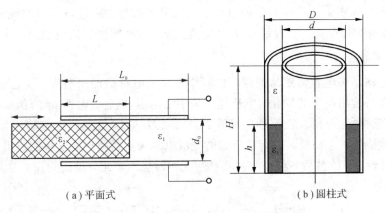

(a)平面式　　　　　　　　　(b)圆柱式

图 3-6 介质变化型电容传感器

图 3-6(a)所示是一种常用的结构型式，图中两平行电极固定不动，极距为 d_0，相对介电常数为 ε_2 的电介质以不同深度插入电容器中，从而改变两种介质的极板覆盖面积。传感器的总电容量 C 为

$$C = C_1 + C_2 = \varepsilon_0 b \frac{\varepsilon_1 (L_0 - L)}{d_0} + \varepsilon_0 b \frac{\varepsilon_2 L}{d_0} \tag{3-12}$$

式中：L_0、b 为极板间长度和宽度；L 为第二种介质进入极板间的深度。

若插入深度 $L=0$，则传感器的初始电容

$$C_0 = \frac{\varepsilon_0 \varepsilon_1 b L_0}{d_0} \tag{3-13}$$

当介质进入极板间 L 后，引起电容的变化为

$$\Delta C = \frac{\varepsilon_0 b L}{d_0} (\varepsilon_2 - \varepsilon_1) \tag{3-14}$$

可见，电容的变化与电介质的移动量 L 呈线性关系。

图 3-6(b)所示是一种变极板间介质的电容式传感器，用于测量液位高低的结构原理图。设被测介质的介电常数为 ε_1，液面高度为 h，电容器总高度为 H，内筒外径为 d，外筒内径为 D，则此时电容器的电容值为

$$C = \frac{2\pi\varepsilon_1 h}{\ln \dfrac{D}{d}} + \frac{2\pi\varepsilon (H - h)}{\ln \dfrac{D}{d}} = \frac{2\pi\varepsilon H}{\ln \dfrac{D}{d}} + \frac{2\pi h(\varepsilon_1 - \varepsilon)}{\ln \dfrac{D}{d}} = C_0 + \Delta C \tag{3-15}$$

即

$$\Delta C = \frac{2\pi h(\varepsilon_1 - \varepsilon)}{\ln \dfrac{D}{d}} \tag{3-16}$$

式中：ε 为空气介电常数，C_0 为由电容器的基本尺寸决定的初始电容值。

由上式可见，此电容器的电容增量正比于被测液位高度 h，因此只要测出传感器电容 C 的大小，即可得到液位 h。

2. 电容传感器的转换电路

电容式传感器中电容值及电容变化值都十分微小，这样微小的电容量还不能直接为目前的显示仪表所显示，且不便于传输。这就必须借助于测量电路检测出这一微小电容增量，

并将其转换成与其成单值函数关系的电压、电流或者频率。测量电路有交流测量电桥、调频电路、运算放大器电路、二极管双 T 型交流电桥、脉冲宽度调制电路等。

1) 交流电桥

该转换电路是将电容传感器的两个电容作为交流电桥的两个桥臂，通过电桥把电容的变化转换成电桥输出电压的变化。电桥通常采用由电阻-电容、电感-电容组成的交流电桥，图 3-7 为电感-电容电桥。变压器的两个二次绕组 L_1、L_2 与差动电容传感器的两个电容 C_1、C_2 作为电桥的 4 个桥臂，由高频稳幅的交流电源为电桥供电。电桥的输出为一调幅值，经放大、相敏检波、滤波后，获得与被测量变化相对应的输出，最后为仪表显示记录。

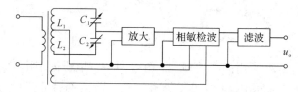

图 3-7　交流电桥转换电路

2) 调频电路

图 3-8 为调频电路示意图，调频电路把传感器接入调频振荡器的 LC 谐振网络中，被测量的变化引起传感器电容的变化，继而导致振荡器谐振频率的变化。频率的变化经过鉴频器转换成电压的变化，经过放大器放大后输出。

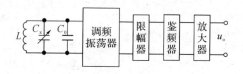

图 3-8　调频电路示意图

测量电路的灵敏度较高，可测出 0.01 μm 的位移变化量，抗干扰能力也较强(加入混频器后更强)；缺点是受电缆电容、温度变化的影响很大，输出电压 U_o 与被测量之间的非线性关系一般要靠电路加以校正，因此电路比较复杂。

任务 2　电容传感器应用训练——角位移测量仪

活动一　认识角位移测量仪工作模型

1. 角位移测量仪的基本结构

角位移测量仪是利用电容传感器作为变换元件，把采集到的由角位移变化而引起的电容变化量转换成电信号，用电子仪表进行测量和显示的装置。系统的组成包括电容传感器、信号处理、单片机电路、液晶显示、电源等部分。电容传感器可以将接收到的角度值变化按一定的函数关系(通常是线性关系)转换成便于测量的物理量(如电压、电流或频率等)输出。信号处理电路对电容传感器采集到的低频信号进行放大、滤波、整形等。之后利用单片机自身的中断计数功能对输入的脉冲电平进行运算得出角位移。单片机计算得出的结果用 LCD 液晶显示屏显示,便于直接准确无误地读出数据。电源用来给电容传感器、信号处理、单片机提供电源,可以是 5～9 V 的交流或直流的稳压电源。

2. 角位移测量仪的工作原理

电容式传感器的角位移测量电路,测量时角度的变化会引起传感器中电容量的变化,因此可以利用电容量的变化来度量角度变化,完成整个测量。实际应用中,由于直接检测电容量几乎是不可能的,因此利用电子电路的知识对电容量进行相应的变换转换为电学量,再对电学量进行测量、数显,从而完成整个测量。测量仪的结构框图如图 3-9 所示。当外部角度变化时,引起电容传感器的电容值发生变化,经电容传感器变换电路输出随角度变化的正弦信号。该信号经放大、整形、微分后输出脉冲信号,将该脉冲信号输入单片机电路,对脉冲信号进行计数转换处理后把结果传送到 LCD 显示。

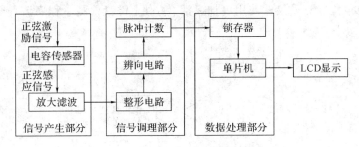

图 3-9　角位移测量仪系统结构图

活动二　角位移测量仪电路的设计与仿真

1. 测量系统硬件电路总体设计

系统的硬件结构框图如图 3-10 所示。单片机作为 CPU 控制整个系统的运行,并执行所有的数据处理与运算;放大整形电路将容栅尺的输出信号转换为同频率的矩形波,当栅尺发生相对移动时该矩形波也会发生相应的变化,将该矩形波进行微分处理送入到辨向电路中,然后单片机对其输出的尖脉冲做可逆计数,并转换运算得出当前位移值后输出显示,系统的键盘用于异步清零操作和角度/弧度转换操作。

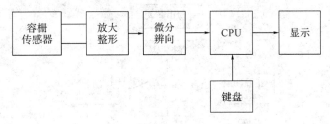

图 3-10　角位移测量仪硬件结构框图

2. 元器件的选择

(1) 电容传感器采用圆盘梳齿式的容栅结构,可实现较小位移和较大位移的测量,将单位角度的容栅极板进行细分,以满足其微量位移的高精度测量。

(2) 控制器选用 STC89C52 单片机作为系统的控制核心。容栅尺的输出信号经放大、整形以及微分辨向后送入单片机进行计数，单片机还要将脉冲运算转换成位移值以及与输出设备相连接。为保证数据采集的正确和转换的实时，单片机需要有一定的存储空间和运行速度。

（3）采用 LM324 运算放大器。LM324 是一种低功耗、高增益的放大器，增益带宽积可达 1.2 MHz，特别适合做小信号的前置放大级，经 LM324 放大后的小信号失真度很小，可以把系统误差控制在系统设计要求的范围内。

（4）数显器件选用 LCD 液晶屏显示，液晶屏使用寿命长、响应快、功耗低、视觉效果直观，可以显示文字、图形等。

3. 程序设计

在容栅角位移测量系统中，CPU 需要将系统的各个器件初始化，对脉冲进行可逆计数，将脉冲数转换为位移值，并将位移值输出显示，此外 CPU 还需要完成必要的键盘操作。键盘是容栅角位移测量仪所必备的，通过键盘可实现显示清零、角度/弧度转换的功能，可以使容栅角位移测量仪的使用更加灵活、方便。键盘检测子程序流程图见图 3-11。

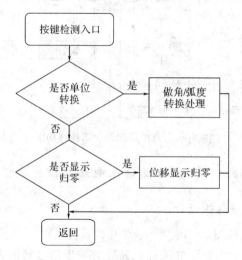

图 3-11　键盘检测子程序流程图

脉冲计数处理是本系统的关键，容栅尺的输出信号经放大、整形、微分辨向处理后的尖脉冲，送入单片机计数。可逆计数接外部中断 0 和外部中断 1，计数中断子程序流程图见图 3-12。

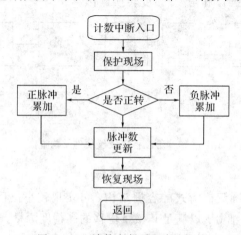

图 3-12　计数中断子程序流程图

任务 3 创客天地——触摸式延时照明灯的制作

1. 概述

触摸式延时照明灯电路如图 3-13 所示，不必更改原有布线，即是一款简单、实用的照明灯控制电路，非常适用于楼道、走廊、卫生间等场所。

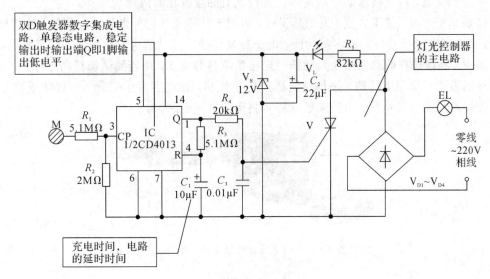

图 3-13 触摸式延时照明灯电路

演示照明电路（如图 3-13）的工作原理：有人触摸时，人体感应的杂波信号经电阻 R_1 加至集成块的 CP 端，Q 脚输出高电平。V 被触发，灯 EL 点亮。同时另一路经电阻器 R_3 向电容器 C_1 充电，使集成块的复位端 R 即 4 脚的电平不断上升，当升至阈值电平时电路复位，单稳电路翻回到稳定状态，1 脚恢复到原来的低电平，V 因失去触发信号，当交流电过零时即关断，灯 EL 熄灭。

无人触摸时，Q 脚输出低电平，V 关断，灯 EL 不亮。

2. 元器件的选择

IC 选用 CD4013 型双 D 触发器数字集成电路，本电路只用其中一只完好的 D 触发器。V 可选用普通小型塑料单向晶闸管，如 MCR100-8、2N6565、BT169 型等；$V_{D1} \sim V_{D4}$ 选用 1N4004 或 1N4007 型硅整流二极管；V_S 选用 12 V、0.5 W 稳压二极管，如 2CW60-12、1N5242、UZ-12B 型等；V_L 选用 φ5 mm 圆形红色发光二极管。R_5 选用 RJ-1/4W 金属膜电阻器，其余电阻均选用 RTX-1/8W 碳膜电阻器。C_1、C_2 采用 CD11-25V 的电解电容器；C_3 选用 CT1 瓷介电容器。触摸片 M 可用镀铬或镀锡铁皮剪制，然后用 502 胶粘贴在开关面板上。

3. 制作与调试

本控制器在接入照明线路时，控制器与电源相位（即相线与零线位置）必须按图所示位置连接，若接反了，电路则不能正常触摸工作。其接线是遵循相线进开关这一规范的，而且它对外也仅有两根引出端子，所以接线方便。电路的延时时间取决于 R_3 与 C_1 的充电时间常数，更改其数值可以获得所需的延迟时间。

◇ **透视实体——容栅千分尺、电容压力表、电容式液位计**

1. 容栅千分尺

图 3-14 所示为电子数显外径千分尺，测量范围 0～25 mm 和 25～50 mm，分辨率为 0.001 mm。采用圆容栅传感器，并配以大规模集成电路和液晶显示。它由一节 SR441.55 V 氧化银电池供电，可直接从某一给定零位进行绝对测量或相对测量。

该量具精度高、使用方便、无视觉误差，可用于外径及其它外形尺寸的测量，具有预置数、公英制转换、任意位置清零等功能。电子数显外径千分尺结构简图如图 3-15 所示，其工作原理：测微螺杆的移动转换为动栅对定栅角位移的变化，即当测微螺杆向工件移近时，动栅在测微螺杆作用下转动，并相对定栅产生角位移，使电容发生变化。通过集成电路计算出测微螺杆的位移量后，由液晶显示屏将测得值显示出来。

图 3-14　电子数显外径千分尺实物图

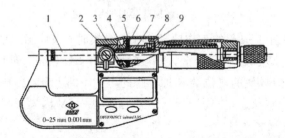

1—测微螺杆；2—前套；3—顶丝；4—定栅支撑套；
5—定栅；6—动栅；7—动栅支撑套；8—导向顶丝；9—弹簧片
图 3-15　电子数显外径千分尺结构简图

2. 电容压力表

电容压力表是一种利用电容敏感元件将被测压力转换成与之成一定关系的电量输出的压力传感器，如图 3-16 所示。其特点是：低的输入力和侏儒能量，高动态响应，小的自然效应，环境适应性好。

它一般采用圆形金属薄膜或镀金属薄膜作为电容器的一个电极，当薄膜感受压力而变形时，薄膜与固定电极之间形成的电容量发生变化，通过测量电路即可输出与电压成一定关系的电信号。电容式压力传感器属于极距变化型电容传感器，它可分为单电容式压力传感器和差动电容式压力传感器。

1) 单电容式压力传感器

单电容式压力传感器如图 3-17(a)所示，由圆形薄膜与固定电极构成。薄膜在压力的作用下变形，从而改变电容器的容量，其灵敏度大致与薄膜的面积和压力成正比，而与薄膜的张力和薄膜到固定电极的距离成反比。

另一种型式的固定电极取凹形球面状，膜片为周边固定的张紧平面，膜片可用塑料镀金属层的方法制成。这种型式适于测量低压，并有较高过载能力。还可以采用带活塞动极膜片制成测量高压的单电容式压力传感器。这种型式的传感器可减小膜片的直接受压面积，以便采用较薄的膜片提高灵敏度。它还与各种补偿和保护部件以及放大电路整体封装在一起，以便提高抗干扰能力。这种传感器适于测量动态高

图 3-16 电容式压力传感器实物图

压和对飞行器进行遥测。单电容式压力传感器还有传声器式（即话筒式）和听诊器式等型式。

2) 差动电容式压力传感器

差动电容式压力传感器如图 3-17(b)所示，其受压膜片电极位于两个固定电极之间，构成两个电容器。在压力的作用下，一个电容器的容量增大而另一个则相应减小，测量结果由差动式电路输出。它的固定电极是在凹曲的玻璃表面上镀金属层而制成。过载时，膜片受到凹面的保护而不致破裂。差动电容式压力传感器比单电容式的灵敏度高、线性度好，但加工较困难（特别是难以保证对称性），而且不能实现对被测气体或液体的隔离，因此不宜于工作在有腐蚀性或杂质的流体中。

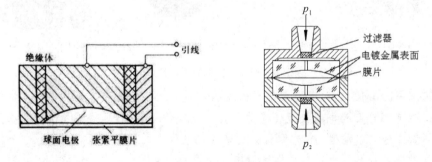

图 3-17 电容式压力传感器结构图

3. 电容式液位计

电容式液位计（如图 3-18 所示）依据电容感应原理制成，当被测介质浸及测量电极的高度变化时，引起其电容变化。它可将各种物位、液位介质高度的变化转换成标准电流信号，远传至操作控制室供二次仪表或计算机装置进行集中显示、报警或自动控制。

电容式液位计是采用测量电容的变化来测量液面的高低的。它将一根金属棒插入盛液容器内，金属棒作为电容的一个极，容器壁作为电容的另一极。两电极间的介质即为液体及其上面的气体。由于液体的介电常数 ε_1 和液面上的介电常数 ε_2 不同，比如 $\varepsilon_1 > \varepsilon_2$，则当液位升高时，电容式液位计两电极间总的介电常数值随之加大，因而电容量增大。反之，当液位下降时，ε 值减小，电容量也减小。所以，电容式液位计可通过两电极间的电容量的变化

来测量液位的高低。电容液位计的灵敏度主要取决于两种介电常数的差值，而且，只有 ε_1 和 ε_2 恒定才能保证液位测量的准确，因被测介质具有导电性，所以金属棒电极都有绝缘层覆盖。电容液位计体积较小，容易实现远传和调节，适用于具有腐蚀性和高压的介质的液位测量。

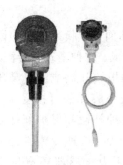

图 3-18　电容式液位计实物图

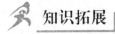　知识拓展

几种常用的电容式传感器

常用的电容式传感器如图 3-19 所示。下面简述这三种传感器。

（a）E2K-F10MC1-A电容式接近开关　　（b）FPC1011F电容式指纹传感器　　（c）YMJDC-IIB电容式测厚仪

图 3-19　常用电容式传感器

（1）E2K-F10MC1-A 电容式接近开关（图 3-19(a)）：属于一种具有开关量输出的位置传感器，该系列产品为电容接近传感器，也可检测水、塑料等非金属物体，直流型已取消"ce"标记，属于静电容量型。它的测量头通常构成电容器的一个极板，而另一个极板是物体的本身，当物体移向接近开关时，物体和接近开关的介电常数 ε 发生变化，使得和测量头相连的电路状态也随之发生变化，由此便可控制开关的接通和关断。被这种接近开关检测的物体，并不限于金属导体，也可以是绝缘的液体或粉状物体。在检测较低介电常数 ε 的物体时，可以顺时针调节多圈电位器（位于开关后部）来增加感应灵敏度，一般调节电位器使电容式接近开关在 $0.7\sim0.8\,S_n$（S_n 为电容式接近开关的标准检测距离）的位置动作。

（2）FPC1011F 电容式指纹传感器（图 3-19(b)）：FPC1011F 传感器采集的是指头的真皮层，属于平面式采集指纹传感器件，即采集时只需要将手指放入传感器窗即可。FPC1011F 传感器采用生物特性，以指纹为识别认证的对象。硅电容指纹图像传感器是最常见的半导体指纹传感器，它通过电子度量来捕捉指纹，在半导体金属阵列上能结合大约 100 000 个电容传感器，其外面是绝缘的表面。传感器阵列的每一点是一个金属电极，充当电容器的一极，按在传感面上的手指头的对应点则作为另一极，传感面形成两极之间的介电层。由于指纹的脊和谷相对于另一极之间的距离不同(纹路深浅的存在),导致硅表面电容阵列的各个电容值不同,测量并记录各点的电容值,即可获得具有灰度级的指纹图像。

(3) YMJDC–IIB 电容式测厚仪(图 3–19(c)):系统采用特殊设计的电容式传感器,无放射性、绿色环保,可实现高稳定性在线橡胶测控,检测精度高,安装调整、校准操作方便。系统由智能型电容式传感检测单元系统和计算机系统通过工业总线通信连接构成。

项目三小结

通过本项目任务一的学习要求大家掌握电容式传感器的基本结构、工作类型及其特点,熟悉其转换电路的工作原理。任务二和项目三采用电容式传感器完成角位移测量仪、触摸式延时照明灯的设计与制作。在实际教学中,任务二和任务三可根据实际需要选择其中一项任务完成即可。

(1) 电容式传感器是将被测量的变化转换为电容量变化的一种传感器。它具有结构简单、分辨率高、抗过载能力大、动态特性好等优点,且能在高温、辐射和强烈振动等恶劣条件下工作。

(2) 平行板电容器 3 个参量介电常数 ε、极板的有效面积 S 以及两极板间的距离 d,只要固定其中的两个,改变另外一个参数,电容量就将产生变化,所以电容式传感器可以分成 3 种类型:变面积式、变极距式与变介电常数式。

(3) 测量电路的种类很多,常用的电路有:交流电桥、调频电路、运算放大式电路、脉冲宽度调制电路、二极管双 T 型交流电桥。

(4) 电容式传感器不但应用于位移、振动、角度、加速度及荷重等机械量的精密测量,还广泛应用于压力、差压力、液位、料位、湿度、成分含量等参数的测量。

思考与练习

1. 如将变面积式电容传感器接成差动式,其灵敏度将_____。

A. 保持不变　　　B. 增大一倍　　　C. 减小一倍　　　D. 增大两倍

2. 在电容传感器中,若采用调频法测量转换电路,则电路中_____。

A. 电容和电感均为变量　　　　　　B. 电容是变量,电感保持不变

C. 电容保持常数,电感为变量　　　D. 电容和电感均保持不变

3. 用电容式传感器测量液体液位时,应该选用_____。

A. 变间距式　　　B. 变面积式　　　C. 变介电常数式

4. 电容式传感器可以用来测量_____。

A. 压力　　　　　B. 加速度　　　　C. 电场强度　　　　D. 交流电压

5. 常用的电容传感器的测量转换电路有三种,分别是_____、_____、
_____、_____、_____。

6. 电容式传感器的基本工作原理是什么？有什么特点？

7. 电容式传感器根据原理可分为几种类型？简述每种类型各自的特点和适用场合。

8. 为什么变面积式电容传感器的测位移范围较大？

9. 差动结构的电容传感器有什么优点？

10. 影响变极距式电容传感器灵敏度的因素有哪些？提高其灵敏度可采取哪些措施？

11. 图 3-20 是电容式油量表的工作示意图，请分析该油量表的工作原理。

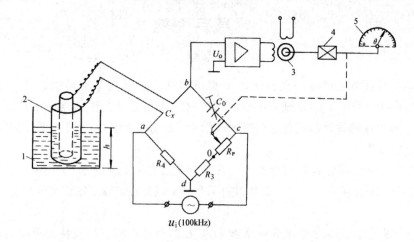

1—油箱；2—圆柱形电容器；3—伺服电动机；4—减速箱；5—油量表

图 3-20　电容式油量表

项目四　光电传感器与自动调光台灯的设计

 学习目标

1. 理解光电传感器的工作原理。
2. 了解光电元件及其特性。
3. 了解光电传感器的组成、结构及类型。
4. 能正确设计与制作自动调光台灯。

情景案例

　　光电传感器是以光电元件作为转换元件，可以将被测的非电量通过光量的变化再转化成电量的传感器。光电传感器可检测直接引起光量变化的非电量，如光强、光照度等，可应用于辐射测量、气体成分分析等；也可以检测能转化成光量变化的其他非电量，如直径、表面粗糙度、应变位移、振动、速度、加速度等，可应用于物体形状、工作状态的识别等。图4-1为常见的光电传感器。

(a) 光敏电阻　　(b) 光敏二极管　　(c) 光敏二极管　　(d) 光电倍增管　　(e) 光电池

图4-1　常见的光电传感器

任务 1　学习光电传感器

活动一　神奇的实验：探索光电传感器的工作原理

1. 演示实验

做以下的实验：用一台机械式万用表测量光敏电阻的电阻值，如图4-2所示。

(1) 遮光检测。检测时，将万用表拨到 $R \times 1k$ 挡，用一张黑色纸片将光敏电阻的透光窗口遮住，此时万用表的指针基本保持不动，阻值接近无穷大。此值越大，说明光敏电阻性能越好，如图 4-2(b)所示。

（2）对光检测。将一光源对准光敏电阻的透光窗口，此时万用表的指针应有较大幅度的摆动，阻值明显减小。此值越小，说明光敏电阻性能越好，如图 4-2(c)所示。

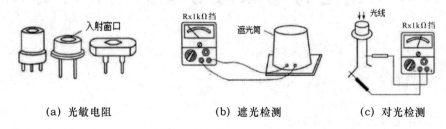

（a）光敏电阻　　　　　　　（b）遮光检测　　　　　　　（c）对光检测

图 4-2　光敏电阻演示实验

（3）闪光检测。将光敏电阻透光窗口对准入射光线，用黑色纸片在光敏电阻的遮光窗上部晃动，使其间断受光，此时万用表指针应随黑色纸片的晃动而左右摆动。

通过上述实验可以得出以下结论：光线照射弱时，光敏电阻的电阻值增大；光线照射强时，光敏电阻的电阻值迅速减小。

2. 光电传感器的工作原理

光电传感器是一种将光量的变化转换为电量变化的传感器。它的物理基础是光电效应。

1）光电效应的实验规律

（1）光电流的大小与入射光的强度成正比。

（2）光电子的初动能只与入射光的频率有关，与入射光的强度无关。

（3）当入射光的频率低于某一极限频率时，不论光的强弱、照射时间的长短，均无光电流产生。

（4）从光照开始到光电子被释放出来，整个过程所需的时间小于 10^{-9} s。

2）光电效应的分类

光电效应分为外光电效应和内光电效应两大类。

（1）外光电效应。在光线的作用下，物体内的电子逸出物体表面向外发射的现象称为外光电效应。向外发射的电子叫做光电子。基于外光电效应的光电器件有光电管、光电倍增管等。

（2）内光电效应。当光照射在物体上，使物体的电阻率发生变化，或产生光生电动势的现象叫做内光电效应，它多发生于半导体内。根据工作原理的不同，内光电效应分为光电导效应（在光线的作用下，物体的导电性能发生变化）和光生伏特效应（在光线的作用下，物体产生一定方向的电动势）两类。

① 光电导效应：物体受光照后，物质吸收入射光子的能量使其内部载流子被激发而使其导电率增加、电阻值下降的现象称为光电导效应。基于这种效应的光电器件有光敏电阻。

② 光生伏特效应：在光线作用下能够使物体产生一定方向的电动势的现象叫做光生伏特效应。基于该效应的光电器件有光敏二极管、三极管和光电池。

活动二　剖析光电传感器的结构及分类

1. 光电元件及特性

1) 光电管和光电倍增管

（1）光电管的工作原理是基于外光电效应。光电管种类很多，它是装有光电阴极和光电阳极的真空玻璃管，结构如图4-3所示。光电管的特性主要取决于光电管阴极材料，光电管阴极材料有银氧铯、锑铯、铋银氧铯以及镁镉阴极等。图4-4阳极通过R_L与电源连接在管内形成电场。光电管的阴极受到适当的照射后便发射光电子，这些光电子在电场作用下被具有一定电位的阳极吸引，在光电管内形成空间电子流。电阻R上产生的电压降正比于空间电流，其值与照射在光电管阴极上的光成函数关系。如果在玻璃管内充入惰性气体（如氢、氖等）即构成充气光电管。由于光电子流对惰性气体进行轰击，使其电离，产生更多的自由电子，从而提高光电变换的灵敏度。

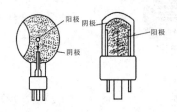

图4-3　光电管结构

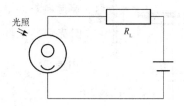

图4-4　光电管受光照发射电子

（2）光电管的灵敏度较低，在微光测量中通常采用光电倍增管，光电倍增管的工作原理是基于外光电效应。光电倍增管的结构如图4-5所示。光电倍增管由真空管壳内的光电阴极、光电阳极以及位于其间的若干个倍增极组成。工作时在各电极之间加上规定的电压。当光或辐射照射阴极时，阴极发射光电子，光电子在电场的作用下逐级轰击次级发射倍增极，在末级倍增极形成数量为光电子的$10^6 \sim 10^8$倍的次级电子。众多的次级电子最后为阳极收集，在阳极电路中产生可观的输出电流。通常光电倍增管的灵敏度比光电管要高出几万倍，在微光下可产生可观的电流。例如，可用来探测高能射线产生的辉光等。由于光电倍增管有如此高的灵敏度，因此使用时应注意避免强光照射而损坏光电阴极。但由于光电倍增管是玻璃真空器件，体积大、易破碎，工作电压高达上千伏，所以目前已逐渐被新型半导体光敏元件所取代。

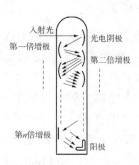

图4-5　光电倍增管

2）光敏电阻

光敏电阻是一种利用光敏感材料的内光电效应（光电导效应）制成的光电元件。它具有精度高、体积小、性能稳定、价格低等特点，所以被广泛应用在自动化技术中作为开关式光电信号传感元件。

光敏电阻的结构及表示符号如图4-6所示。光敏电阻由一块两边带有金属电极的光电半导体组成，电极和半导体之间呈欧姆接触，使用时在它的两电极上施加直流或交流工作电压。在无光照射时，光敏电阻呈高阻，回路中仅有微弱的暗电流通过。在有光照射时，光敏材料吸收光能，使电阻率变小，呈低阻态，从而在回路中有较强的亮电流通过。光照越强，阻值越小，亮电流越大。如果将该亮电流取出，经放大后即可作为其他电路的控制电流。当光照射停止时，光敏电阻又逐渐恢复原值呈高阻态，电路又只有微弱的暗电流通过。

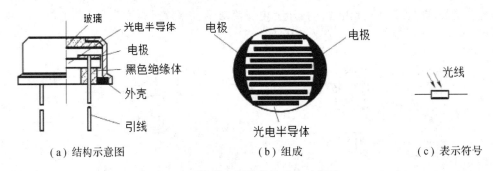

（a）结构示意图　　　　　　　　（b）组成　　　　　　　　（c）表示符号

图4-6　光敏电阻的结构及表示符号

制作光敏电阻的材料种类很多，如金属的硫化物、硒化物和锑化物等半导体材料。目前生产的光敏电阻主要是硫化镉，为提高其光灵敏度，在硫化镉中再掺入铜、银等杂质。

光敏电阻的主要参数有：

（1）暗电阻：光敏电阻置于室温和全暗条件下，经一段时间稳定后测得的阻值，这时在给定的工作电压下测得的电流称为暗电流。

（2）亮电阻：光敏电阻置于室温和一定光照条件下测得的稳定电阻值称为亮电阻，这时在给定工作电压下的电流称为亮电流。

（3）光电流：亮电流和暗电流之间的差称为光电流。

光敏电阻的暗电阻越大，亮电阻越小，则性能越好。也就是说，暗电流要小，光电流要大，这样的光敏电阻的灵敏度就高。

3）光敏二极管、光敏三极管和光电池

（1）光敏二极管的工作原理基于内光电效应（光生伏特效应）。光敏二极管结构与一般二极管相似，它们都有一个PN结。光敏二极管和普通二极管相比，虽然都属于单向导电的非线性半导体器件，但在结构上有其特殊之处。为了提高转换效率加大受光面积，PN结的面积比一般二极管大。光敏二极管在电路中的符号如图4-7所示。光敏二极管的PN结装在透明管壳的顶部，可以直接受到光的照射。使用时要反向接入电路中，即正极接电源负极，负极接电源正极，即光敏二极管在电路中处于反向偏置状态。无光照时，与普通二极管一样，反向电阻很大，电路中仅有很小的反向饱和漏电流，称暗电流。光敏二极管的基本电路如图4-8所示。当有光照射时，PN结受到光子的轰击，激发形成光生电子—空穴对，因此在反向电压作用下,反向电流大大增加,形成光电流。光照越强,光电流越大,光电流的大小与光照强度成正比,于是在负载电阻上就能得到随光照强度变化而变化的电信号。

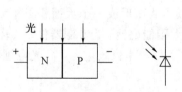

图 4-7　光敏二极管符号

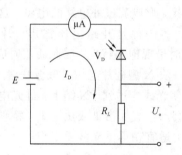

图 4-8　光敏二极管的基本电路

光敏二极管的主要技术参数为:

① 最高反向工作电压。指光敏二极管在无光照条件下,反向漏电流不大于 0.1 μA 时所能承受的最高反向电压。

② 暗电流。指光敏二极管在无光照、最高反向电压条件下的漏电流。暗电流越小,光敏二极管的性能越稳定,检测弱光的能力越强。一般锗二极管的暗电流较大,约为几个微安,硅光敏二极管的暗电流则小于 0.1 μA。

③ 光电流。指光敏二极管受一定光照、在最高反向电压下产生的电流,其值越大越好。

④ 灵敏度。反映光敏二极管对光的敏感程度的一个参数,用在每微瓦的入射光能量下所产生的光电流来表示。其值越高,说明光敏二极管对光的反应越灵敏。

⑤ 响应时间。表示光敏二极管将光信号转换成电信号所需的时间。响应时间越短,说明其光电转换速度越快,即工件频率越高。

(2) 光敏三极管的工作原理基于内光电效应(光生伏特效应)。光敏三极管和普通三极管的结构相类似。与普通晶体管不同的是,光敏晶体管是将基极-集电极结作为光敏二极管,集电结做受光结,另外发射极的尺寸做得很大,以扩大光照面积。如图 4-9 所示,大多数光敏晶体管的基极无引线,集电结加反偏。玻璃封

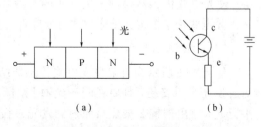

图 4-9　光敏三极管原理图

装上有个小孔,让光照射到基区。硅(Si)光敏晶体极管一般都是 NPN 结构,当入射光子在基区及集电区被吸收而产生电子-空穴对时,便形成光生电压。由此产生 β 的光生电流由基极进入发射极,从而在集电极回路中得到一个放大了 β 倍的信号电流。因此,光敏三极管是一种相当于将基极、集电极光敏二极管的电流加以放大的普通晶体管放大。光敏三极管结构同普通三极管一样,有 PNP 型和 NPN 型。在电路中,同普通三极管的放大状态一样,集电结反偏,发射结正偏。反偏的集电结受光照控制,因而在集电极上则产生 β 倍的光电流,所以光敏三极管比光敏二极管有着更高的灵敏度。

(3) 光电池的工作原理基于内光电效应(光生伏特效应)。光电池是在光照下,直接能将光量转变为电动势的光电元件,实际上它就是电压源。光电池的种类很多,有硒光电池、锗光电池、硅光电池、氧化亚铜光电池、硫化铊光电池、硫化镉光电池、砷化稼光电池等。

其中最受重视的是硅光电池和硒光电池。

光电池与外电路的连接方式有两种,如图 4-10 所示。一种是把 PN 结的两端通过外导线短接,形成流过外电路的电流,这个电流称为光电池的输出短路电流,其大小与光强成正比;另一种是开路电压输出,开路电压与光照度之间呈非线性关系;光照度大于 1000lx 时呈现饱和特性。因此使用时应根据需要选用工作状态。硅光电池是用单晶硅制成的。在一块 N 型硅片上用扩散方法渗入一些 P 型杂质,从而形成一个大面积 PN 结,P 层极薄能使光线穿透到 PN 结上。硅光电池一般也称硅太阳能电池,为有源器件。它轻便、简单,不会产生气体污染或热污染,特别适用于在宇宙飞行器作仪表电源。硅光电池转换效率较低,适宜在可见光波段工作。

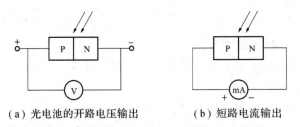

（a）光电池的开路电压输出　　　（b）短路电流输出

图 4-10　光电池与外电路的连接方式

2. 光电式传感器的分类

光电式传感器是将光能转化成电能的一种传感器件,它具有响应快、结构简单、使用方便、性能可靠、能完成非接触测量等优点,因此在自动检测、计算机和控制领域得到非常广泛的应用。但光电式传感器存在光学器件和电子器件价格较贵,并且对测量的环境条件要求较高等缺点。近年来新型的光电式传感器不断涌现,如光纤传感器、CCD 图像传感器等,使光电式传感器得到了进一步的发展。

光电式传感器按其传输方式可分成直射型(一也称为透射型或对向型)和反射型两大类。

1）直射型光电式传感器

图 4-11 所示为直射型光电式传感器结构示意图。这类传感器工作时必须将受光部位对着发光光源安装,且要在同一光轴上。图 4-11 所示结构中光源发出的光经透镜 1 变成平行光,再由透镜 2 聚焦后照射到发光二极管上。当在透镜 1 和透镜 2 之间放入被测工件后,就可以根据发光二极管接收到的光通量的大小或有无来反映测量的情况。

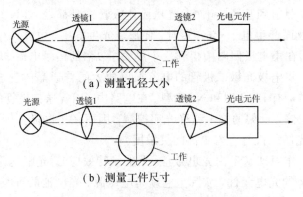

（a）测量孔径大小

（b）测量工件尺寸

图 4-11　直射型光电式传感器示意图

2）反射型光电式传感器

图 4-12 所示为反射型光电式传感器结构示意图。反射型光电式传感器是将恒定光源释放出的光投射到被测物体上，再从其表面反射到光电元件上，根据反射的光通量多少测定被测物表面性质和状态。图 4-12(a)、(b) 是利用反射法检测材质表面粗糙度和表面裂纹、凹坑等疵病的传感器示意图，其中图 4-12(a) 为正反射接收型，用于检测浅小的缺陷，灵敏度较高；图 4-12(b) 为非正反射接收型，用于检测较大的几何缺陷；图 4-12(c) 是利用反射法测量工件尺寸或表面位置的示意图，当工件位移为 Δh 时，光斑移动 Δl，其放大倍数为 $\Delta l/\Delta h$。在标尺处放置一排光电元件即可获得尺寸分组信号。

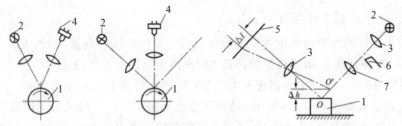

（a）正发射接收型　（b）非正反射接收型　（c）利用反射法测量工件尺寸或表面位置

1—工件；2—光源；3—透镜；4—光电元件；5—光电阵列无件；6—挡光板；7—物镜

图 4-12　反射型光电式传感器示意图

使用光电式传感器时应注意：

（1）采用反射型光电式传感器时，应考虑到检测物体的表面和大小对检测距离和动作区的影响。

（2）检测微小物体时，检测距离要比检测较大物体时短一些。

（3）检测物体的表面反射率越大，检测距离越长。

（4）采用反射型光电传感器时，检测物体的最小尺寸由透镜的直径确定。

（5）必须在规定的电源电压、环境要求的范围内使用；安装时，应稳固，勿用锤子敲打。

任务 2　光电传感器应用训练——自动调光台灯

活动一　认识自动调光台灯工作模型

1. 自动调光台灯的基本结构

自动调光台灯能根据周围环境照度强弱自动调整台灯发光量。当环境照度弱，它发光亮度就增大，环境照度强，发光亮度就减弱。自动调光台灯由电源插头、开关、灯泡和聚光灯罩构成，使用 220 V 交流电供电。台灯底座设置一个光敏传感器，内有光敏电阻，它可以随桌面上亮度的变化而调节内部电流的变化，从而调整台灯亮度的变化，使桌面始终保持适宜的亮度。

图 4 - 13　自动调光台灯结构示意图

2. 自动调光台灯的工作原理

该自动调光台灯的电路图如图 4 - 14 所示。当开关位置拨向位置 2 时，它是一个普通调光挑灯。R_P、C 和氖泡 N 组成张弛振荡器，用来产生脉冲触发可控硅 V_S。一般氖泡辉光导通电压为 60～80 V，当 C 充电到辉光电压时，N 辉光导通，V_S 被触发导通。调节 R_P 能改变 C 充电速率，从而改变 V_S 导通角，达到调光的目的。R_2、R_3 构成分压器通过 V_{D5} 也向 C 充电，改变 R_2、R_3 分压也能改变 V_S 导通角，使灯的亮度发生变化。

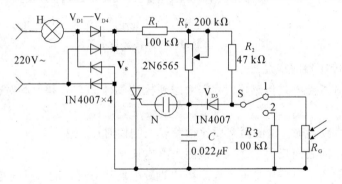

图 4 - 14　自动调光台灯电路图

当 S 拨向位置 1 时，光敏电阻 R_G 取代 R_3，当周围光线较弱时，R_G 呈现高电阻，V_{D5} 右端电位升高，电容 C 充电速率加快，振荡频率变高，V_S 导通角增大，电灯两端电压升高，光度增大。当周围光线增强时，R_G 电阻变小，与上述相反，电灯两端电压变低，光度减少。

活动二　自动调光台灯的设计与仿真

1. 自动调光台灯的电路图

自动调光台灯的电路图如图 4 - 14 所示。

2. 元件的选择

（1）N 为氖泡，选择导通电压为 60～80 V 的，如 NH—416。

（2）R_G 为光敏电阻。

（3）调光台灯的灯泡宜用 40 W 的白炽灯。

自动调光台灯元器件清单见表 4 - 1。

表 4 - 1　自动调光台灯元器件清单

编　号	名　称	型　号	数　量
R_1	电阻	100 K 1/8W	1
R_2	电阻	47 K 1/8W	1
R_3	可调电阻	200 K	1
R_G	光敏电阻	MG45	1
C	涤纶电容器	0.02 μF CL11—400V	1
$V_{D1} \sim V_{D5}$	整流二极管	IN4007	5
N	氖泡	导通电压为 60～80 V，如 NH—416	1
V_S	单向可控硅	1A/400V 任何型号	1
S	单向双掷开关		1

3. 制作

电子线路的制作要注意：

（1）元件布置：横平竖直，间距适当；

（2）锡焊：控制焊点大小，注意不要虚焊。

4. 调试

（1）将 R_P 调到阻值为零位置，S 置于位置 2，用万用表测电灯两端交流电应在 200 V 以上，如低于 200 V 可略减少 R_1 或增大 R_3 阻值，使之达到要求。

（2）光敏电阻 R_G 应安装在台灯底座侧面台灯光线不能直接照射的地方，用来感受周围环境照度。

（3）调整好的电路即可投入使用，S 拨向 2 为普通调光台灯，调节 R_P 可选择适当的光亮度。

（4）S 拨向 1 为自动台灯，先调节 R_P 选择好适当亮度，如环境照度变暗时，台灯亮度会逐渐变亮，增大照度。

◇ **透视实体——红外温度计**

在自然界中，一切温度高于绝对零度的物体都在不停地向周围空间发出红外辐射能量。物体的红外辐射能量的大小及其按波长的分布——与它表面温度有着十分密切的关系。因此，通过对物体自身辐射的红外能量的测量，便能准确地测定它的表面温度，这就是红外辐射测温所依据的客观基础。

红外测温仪由光学系统、光电探测器、信号放大器及其信号处理、显示输出能部分组成，如图 4 - 15 所示。光学系统汇聚其视场内的目标红外辐射能量，视场的大小由测温仪的光学零件及其位置确定。红外能量聚焦在

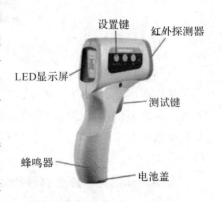

图 4 - 15　红外温度计构成

光电探测器上并转换为相应的电信号,该信号经过放大器和信号处理电路,并按照仪器内的算法和目标发射率校正后转变为被测目标的温度值。除此之外,还应考虑目标和测温仪所在的环境条件,如温度、气氛、污染和干扰等因素对性能指标的影响及修正方法。

红外测温技术在生产过程中,在产品质量控制和监测、设备在线故障诊断和安全保护以及节约能源等方面发挥了重要的作用。近 20 年来,非接触红外测温仪在技术上得到迅速发展,性能不断完善,功能不断增强,品种不断增多,适用范围也不断扩大,市场占有率逐年增长。比起接触式测温方法,红外测温有着响应时间快、非接触、使用安全及使用寿命长等优点。

使用红外测温仪时应注意的问题:

(1)只测量表面温度,红外测温仪不能测量内部温度。

(2)不能透过玻璃进行测温,玻璃有很特殊的反射和透射特性,不利于精确红外温度读数。

(3)不能用于光亮的或者抛光的金属表面测温(不锈钢、铝等)。

(4)注意环境条件:蒸汽、尘土、烟雾等,它们会阻挡仪器的光学系统而影响精确测温。

任务 3 创客天地——Arduino 与浊度传感器

1. 概述

浊度传感器是(如图 4-16)利用光学原理,通过液体溶液中的透光率和散射率来综合判断浊度情况,传感器内部是一个红外线对管,当光线穿过一定量的水时,光线的透过量取决于该水的污浊程度,水越污浊,透过的光就越少。光接收端把透过的光强度转换为对应的电流大小,透过的光多,电流大,反之透过的光少,电流小,再通过电阻将流过的电流转换为电压信号。

图 4-16 浊度传感器

2. 应用范围

浊度传感器可以用于洗衣机、洗碗机等产品的水污浊程度的测量。通过测量水的污浊程度来判断所洗物品的洁净程度,确定最佳的洗涤时间和漂洗次数,用较少的能耗和耗水量获得满足要求的洗净比,也可以用于工业现场控制,环境污水采集等需要浊度检测控制的场合。

3. Arduino 与浊度传感器的硬件连线图

Arduino 与浊度传感器的硬件接线图如图 4-17 所示。

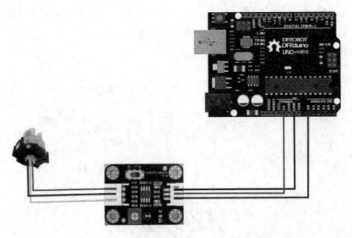

图 4-17 Arduino 与浊度传感器的硬件连线图

4. 程序及结果验证

在 Arduino 菜单栏工具中，选择 Arduino Leonardo 并选择正确的串口号，上传样例程序(扫描图 4-18 中二维码，可下载样例程序)，下载完成后，使用模拟量输出，通过对模拟量进行读值，从而知道水的污浊程度。

图 4-18 浊度传感器的程序

知识拓展

几种常用光电传感器的应用

1. 烟尘浊度监测仪

为了消除工业烟尘污染，首先要知道烟尘排放量，因此必须对烟尘源进行监测、自动显示和超标报警。烟道里的烟尘浊度是通过光在盐道理传输过程电的变化大小来检测的，如图 4-19 所示。如果烟道浊度增加，光源发出的光被烟尘颗粒的吸收和折射增加，到达光检测器的光减少，因而光检测器输出信号的强弱便可反应烟道浊度的变化。

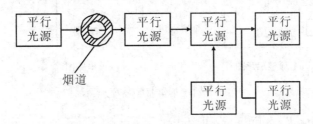

图 4-19 吸收式烟尘浊度检测系统原理图

2. 条形码扫描笔

扫描笔的结构如图 4-20 所示，前方为光电读入头，当扫描笔头在条形码上移动时，若遇到黑色线条，发光二极管发出的光线将被黑线吸收，光敏三极管接收不到反射光，呈现高阻抗，处于截止状态；当遇到白色间隔时，发光二极管所发出的光线，被反射到光敏三极管，光敏三极管产生光电流而导通。整个条形码被扫描笔扫过之后，光敏三极管将条形码变成了一个个电脉冲信号，该信号经放大、整形后便形成了脉冲串，再经计算机处理后，完成对条形码信息的识读。

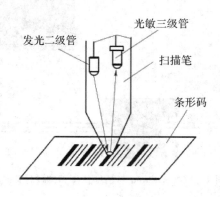

图 4 - 20　条形码扫描笔

3. 产品计数器

产品在传送带上运行时，不断地遮挡光源到光电传感器的光路，使光电脉冲电路产生一个个电脉冲信号。产品每遮光一次，光电传感器电路便产生一个脉冲信号，因此，输出的脉冲数即代表产品的数目，该脉冲经计数电路计数并由显示电路显示出来。

4. 光电式烟雾报警器

无烟雾时，光敏元件接收到 LED 发射的恒定红外光。而在火灾发生时，烟雾会进入检测室，遮挡部分红外光，使光敏三极管的输出信号减弱，判断电路可知电铃两端电压增大，发出报警信号，如图 4 - 21 所示。

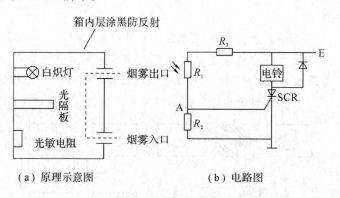

（a）原理示意图　　　　（b）电路图

图 4 - 21　烟雾报警器原理图

项目四小结

本项目任务一介绍光电传感器的工作原理、分类，光电元件及其特性；任务二采用光电传感器代表性产品自动调光台灯设计与制作，完成相关电路的设计与搭建；任务三利用

Arduino 中的传感器模块完成创新实验。在实际教学中，任务二和任务三可根据实际需要选择其中一项任务完成即可。

（1）光电传感器是一种将光量的变化转换为电量变化的传感器。它的物理基础是光电效应。

（2）光电效应分为外光电效应和内光电效应两大类。

（3）外光电效应：在光线的作用下，物体内的电子逸出物体表面向外发射的现象称为外光电效应。向外发射的电子叫做光电子。

（4）内光电效应：当光照射在物体上，使物体的电阻率发生变化，或产生光生电动势的现象叫做内光电效应，它多发生于半导体内。根据工作原理的不同，内光电效应分为光电导效应（在光线的作用下，物体的导电性能发生变化）和光生伏特效应（在光线的作用下，物体产生一定方向的电动势）两类。

（5）光电式传感器按其传输方式可分成直射型（也可称为透射型或对向型）和反射型两大类。

思考与练习

1．单项选择题。

（1）晒太阳取暖利用了_____，人造卫星的光电池板利用了_____，植物的生长利用了_____。

A．光电效应　　　　B．光化学效应　　　　C．光热效应　　　　D．感光效应

（2）蓝光的波长比红光_____，相同光子数目的蓝光能量比红光_____。

A．长　　　　B．短　　　　C．大　　　　D．小

（3）光敏二极管属于_____，光电池属于_____。

A．外光电效应　　　B．内光电效应　　　C．光生伏特效应

（4）光敏二极管在测光电路中应处于_____偏置状态，而光电池通常处于_____偏置状态。

A．正向　　　　B．反向　　　　C．零

（5）光纤通信中，与出射光纤耦合的光电元件应选用_____。

A．光敏电阻　　　B．PIN 光敏二极管　　C．APD 光敏二极管　　D．光敏三极管

（6）温度上升，光敏电阻、光敏二极管、光敏三极管的暗电流_____。

A．上升　　　　B．下降　　　　C．不变

（7）欲利用光电池为手机充电，需将数片光电池_____起来，以提高输出电压，再将几组光电池_____起来，以提高输出电流。

A．并联　　　　B．串联　　　　C．短路　　　　D．开路

2．什么是光电效应？简单叙述光电式传感器基本原理。

3．光电式传感器由哪几部分组成？直射型和反射型光电式传感器有何区别？

4．举例说明光电式传感器主要有哪些方面的应用。

项目五　霍尔传感器与转速测量仪的设计

学习目标

1. 理解霍尔传感器的工作原理、特点、分类及其应用。
2. 认识霍尔传感器的外观和结构。
3. 会用霍尔传感器进行转速、振动的测量。
4. 能正确设计与制作转速测量仪。

情景案例

　　霍尔传感器是一种磁敏传感器，即对磁场参量敏感的元器件或装置，它是利用半导体材料的霍尔效应进行测量的传感器。图5-1所示为常见的霍尔传感器。由于霍尔传感器具有灵敏度高、线性度好、稳定性高、体积小和耐高温等特点，所以它已广泛应用于非电量测量、自动控制、计算机装置和现代军事技术等各个领域。

图5-1　常见的霍尔传感器

任务1　学习霍尔传感器

活动一　神奇的实验：探索霍尔传感器工作原理

1. 演示实验

用线性霍尔元件做以下实验：

（1）改变磁场的大小：霍尔元件通电，输出端接上电压表，当磁铁从远到近逐渐靠近霍尔元件时，该线性霍尔元件的输出电压逐渐从小到大。

（2）改变线性霍尔元件恒流源的电流大小：对线性霍尔元件加入一个固定不变的磁场，即保持磁铁不动，使得线性霍尔元件恒流源的电流从零逐渐向额定电流变化（不能超过线性霍尔元件的额定电流），这时线性霍尔元件的输出电压也从小逐渐变大。

通过上述实验可以得出以下结论：在垂直于电流和磁场方向的霍尔电压的大小正比于控制电流和磁感应强度，当控制电流（或磁场）的方向或大小改变时，霍尔电压也发生改变。

2. 霍尔传感器的工作原理

霍尔传感器是利用霍尔效应进行工作的。金属或半导体薄片置于磁场中，当有电流流过时，在垂直于电流和磁场的方向上将产生电动势，这种物理现象称为霍尔效应。

假设薄片为 N 型半导体，磁感应强度为 B 的磁场方向垂直于薄片，如图 5-2 所示，在薄片左右两端通以电流 I（称为控制电流），那么半导体中的载流子（电子）将沿着与电流 I 的相反方向运动。由于外磁场 B 的作用，使电子受到磁场力 F_L（洛仑兹力）而发生偏转，结果在半导体的后端面上电子有所积累而带负电，前端面则因缺少电子而带正电，在前后端面间形成电场。该电场产生的电场力 F_E 阻止电子继续偏转。当 F_E 与 F_L 相等时，电子积累达到动态平衡。这时，在半导体前后两端面之间（即垂直于电流和磁场的方向）建立电场，称为霍尔电场 E_H，相应的电动势就称为霍尔电动势 U_H。经分析和推导，霍尔电压 U_H 为：

$$U_H = \frac{R_H I_C B}{d} = K_H I_C B \tag{5-1}$$

式中：R_H 为霍尔系数（m³/C），表示该材料产生霍尔效应能力的大小；I_C 为控制电流（A）；B 为磁感应强度（T）；d 为霍尔元件的厚度（m）；K_H 为霍尔元件的灵敏度。

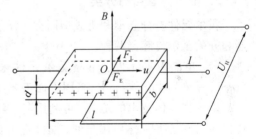

图 5-2　霍尔效应原理图

由此可知，在垂直于电流和磁场方向的霍尔电压 U_H 的大小正比于控制电流 I 和磁感应强度 B，当控制电流（或磁场）的方向或大小改变时，霍尔电压也发生改变。

霍尔系数是由材料性质所决定的一个常数。对于 N 型半导体，有

$$R_H = \frac{1}{n_q} \tag{5-2}$$

式中：n 为单位体积电子数（也叫载流子浓度）；q 为电子的电荷量。

对于 P 型半导体，有

$$R_H = \frac{1}{P_q} \tag{5-3}$$

式中，P 为单位体积空穴数（载流子浓度）。

N 型半导体的霍尔系数为负值，表明产生的霍尔电压极性与在 P 型半导体上产生的霍尔电压相反。

常用灵敏度（K_H）表征霍尔元件的特性，定义：

$$K_H = \frac{R_H}{d} \tag{5-4}$$

可见，灵敏度由霍尔系数与元件厚度决定。

活动二　剖析光电传感器的结构及分类

1. 霍尔元件

利用霍尔效应做成的器件称为霍尔元件。霍尔元件的外形如图5-3(a)所示,它由霍尔片、4根引线和壳体组成,如图5-3(b)所示。霍尔片是一块矩形半导体单晶薄片(一般为4 mm×2 mm×0.1 mm),在它的长度方向两端面上焊有a、b两根引线,称为控制电流端引线,通常用红色导线。其焊接处称为控制电流极(或称激励电极),要求焊接处接触电阻很小,并呈纯电阻,即欧姆接触(无PN结特性)。在薄片的另两侧端面的中间以点的形式对称地焊有c、d两根霍尔输出引线,通常用绿色导线。其焊接处称为霍尔电极,要求欧姆接触,且电极宽度与基片长度之比要小于0.1,否则影响输出。霍尔元件的壳体是用非导磁金属、陶瓷或环氧树脂封装。在电路中霍尔元件可用两种符号表示,如图5-3(c)所示。

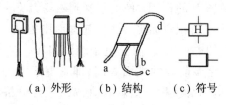

(a) 外形　　(b) 结构　　(c) 符号

图5-3　霍尔元件

2. 霍尔传感器的分类

霍尔元件有分立型和集成型两类。分立型有单晶和薄膜两种;集成型有线性霍尔传感器和开关霍尔传感器两种。

(1) 单晶霍尔元件。单晶霍尔元件采用锗(Ge)、硅(Si)、砷化镓(GaAs)和锑化铟(InSb)等单晶半导体材料,采用平面工艺制造,用金属合金化学制作方法制作电极。

随着半导体技术的发展,可利用离子注入或外延生长技术,在高阻砷化镓单晶片上制作极薄的N型层,然后用光刻、腐蚀等方法得到厚度d很小的高灵敏度超微型霍尔元件,这种分立器件是一种四端型器件。

(2) 薄膜霍尔元件。这类霍尔元件都是用锑化铟薄膜制作的。因锑化铟的电子迁移率比其他材料都大,因此既制作单晶霍尔元件也可制作薄膜霍尔元件。利用镀膜工艺可得到厚度$d=1 \mu m$左右的薄膜,再经光刻、腐蚀以及制作电极和焊接引线等工艺制成薄膜霍尔元件。

(3) 线性霍尔集成传感器。它是将霍尔元件、放大器、电压调整、电流放大输出级、失调调整和线性度调整等部分集成在一块芯片上,其特点是输出电压随外磁场感应强度B呈线性变化。

(4) 开关霍尔集成传感器。它是以硅为材料,利用平面工艺制造而成。因为N型硅的外延层材料很薄,故可以提高霍尔电压U_H。如果应用硅平面工艺技术将差分放大器、施密特触发器及霍尔元件集成在一起,就可以大大提高传感器的灵敏度。

3. 霍尔传感器的组成与基本特性

1) 组成

利用霍尔效应实现磁电转换的传感器称为霍尔传感器,它应有几个基本组成部分:霍尔元件、加于激励电极两端的激励电源、与霍尔电极输出端相连的测量电路、产生某种具有磁场特性的装置。

（1）电路部分。霍尔传感器的基本电路如图5-4所示。激励电流I由电源E供给，可以是直流电源或交流电源，电位器R_P调节激励电流I的大小。R_L是霍尔元件输出端的负载电阻，它可以是显示仪表或放大电路的输入电阻。霍尔电势一般在毫伏数量级，在实际使用时必须加差分放大器。霍尔元件大体分为线性测量和开关状态两种使用方式，因此输出电路有如图5-5所示的两种结构。

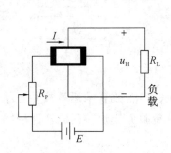

图5-4　霍尔元件的基本测量电路

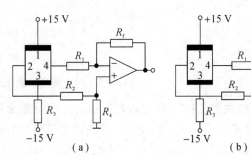

图5-5　霍尔元件的输出电路

（2）磁路部分。用于非电量检测的霍尔传感器，通常是通过弹性元件和其他传动机构将待测非电量（如力、压力、应变和加速度等）转换为霍尔元件在磁场电的微小位移。为了获得霍尔电压随位移变化的线性关系，传感器的磁场应具有均匀的梯度变化的特性。这样当霍尔元件在这种磁场电移动时，如使激励电流I保持恒定，则霍尔电压就只取决于它在磁场电的位移量，并且磁场梯度越大，灵敏度越高，梯度变化越均匀，霍尔电压与位移的关系越接近于线性。

2）基本特性

由霍尔传感器的组成不难看出，霍尔传感器的灵敏度和线性度等基本特性主要取决于它的磁路系统和霍尔元件的特性，即磁场梯度的大小和均匀性、霍尔元件的材料、几何尺寸、电极的位置与宽度等。另外，提高磁场的磁感应强度B和增大激励电流I，也可获得较大的霍尔电势，但I的增大受到元件发热的限制。由于霍尔传感器的可动部分只有霍尔元件，而霍尔元件具有小型、坚固、结构简单、无触点、磁电转换惯性小等特点，所以霍尔传感器动态性能好，只有在10 Hz以上的高频时，才需要考虑频率对输出的影响。

任务2　霍尔传感器应用训练——转速测量仪

活动一　认识转速测量仪工作模型

1. 转速测量仪的基本结构

转速测量仪系统由传感器、信号预处理电路、处理器、显示器和系统软件等部分组成。传感器部分采用霍尔传感器，负责将电机的转速转化为脉冲信号。信号预处理电路包含待测信号放大、波形变换、波形整形电路等部分，其中放大器实现对待测信号的放大，降低对待测信号的幅度要求，实现对小信号的测量；波形变换和波形整形电路实现把正负交变信号波形变换成可被单片机接受的 TTL/CMOS 兼容信号。处理器采用 STC89C51 单片机，显示器采用 8 位 LED 数码管动态显示。转速测量系统原理框图如图 5-6 所示。

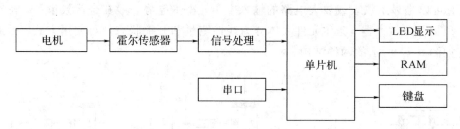

图 5-6　转速测量系统原理框图

系统软件主要包括测量初始化模块、信号频率测量模块、浮点数算术运算模块、浮点数到 BCD 码转换模块、显示模块、按键功能模块、定时器中断服务模块。系统软件框图如图 5-7 所示。

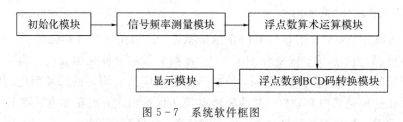

图 5-7　系统软件框图

2. 转速测量仪的工作原理

若控制电流保持不变，则霍尔感应电压将随外界磁场强度的变化而变化，根据这一原理，可以将两块永久磁钢固定在电动机转轴上转盘的边缘处，转盘随被测轴旋转，磁钢也将跟着同步旋转，在转盘附近安装一个霍尔元件，转盘随转轴旋转时，霍尔元件受到磁钢所产生的磁场影响，输出脉冲信号。传感器内置电路对该信号进行放大、整形，输出良好的矩形脉冲信号，测量频率范围更宽，输出信号更精确且稳定。其频率和转速成正比，测出脉冲的周期或频率即可计算出转速，计算转速公式

$$n = \frac{60}{NT_\mathrm{C}} \quad (\mathrm{r/min})$$

活动二　霍尔转速测量仪的设计与仿真

1. 霍尔转速测量仪的电路图

霍尔转速测量仪测量转速的电路设计如图 5-8 所示。

信号预处理电路如图 5-9 所示。信号预处理电路为系统的前级电路，其中霍尔传感元件 b、d 为两电源端，d 接正极，b 接负极；a、c 两端为输出端，安装时霍尔传感器对准转盘上的磁钢，当转盘旋转时，从霍尔传感器的输出端获得与转速率成正比的脉冲信号，传感器内置电路对该信号进行放大、整形，输出良好的矩形脉冲信号。图中，LM358 部分为过零整形电路，它将使输入的交变信号更精确地变换成规则稳定的矩形脉冲，便于单片机对

其进行计数。

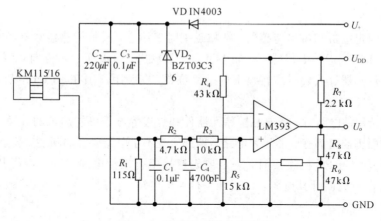

图 5-8 测量转速的电路设计

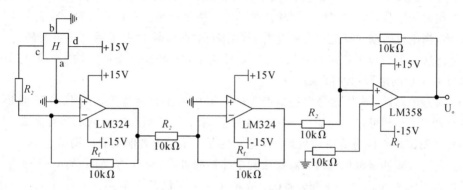

图 5-9 信号预处理电路

2. 霍尔转速测量仪的软件设计

软件设计主要为主程序、数据处理显示程序、按键设计程序、定时器中断服务程序四个部分。

(1) 主程序。主程序部分主要完成初始化功能,包括 LED 显示的初始化,中断的初始化,定时器的初始化,寄存器、标志位的初始化等。初始化完成后,程序循环调用数据处理程序、显示子程序、按键处理程序。

(2) 数据处理显示模块程序。此模块中单片机对在 1 s 内的计数值进行处理,转换成 r/min 送显示缓存以便显示。具体算法如下:设单片机每秒计数到 n 个值,即 $n/2$(r/s)(圆盘贴 2 个磁钢),则 $n/2$(r/s)=30 n(r/min)。只要将计数值乘以 30 便可得到每分钟电机的转速。

(3) 按键程序设计。按键程序包括按键防抖动处理、判断及修改项目等程序。

(4) 定时器 1 中断服务程序设计。定时器 1 完成计时功能,定时 50 ms,进行定时中断计数,每隔 1 s 更新一次显示数据。

3. 元件的选择

(1) 系统选用 NJK-8002D 型霍尔传感器。

(2) 系统采用 STC89C51 作为转速信号的处理核心。

(3) 信号预处理电路中采用 LM358 双运算放大器。

（4）数码管显示电路中采用 74LS244 驱动，接 8 只共阳数码管。

4. 制作方法

（1）安装固定电机和霍尔传感器，粘贴磁钢时需注意，霍尔传感器对磁场方向敏感，粘贴之前可以先手动接近一下传感器，如果没有信号输出，可以换一个方向再试。

（2）霍尔传感器探头要对准转盘上的磁钢位置，安装距离须在 10 mm 以内才可灵敏地感应磁场变化。

（3）在焊接硬件电路时，需细心排除元器件和焊接等方面可能出现的故障，元器件的安装位置出错或引脚插错都有可能导致电路短路或实现不了电路应有的功能，甚至烧坏元器件。

（5）测量系统与 PC 机连接时，一定要先连接串行通信电缆，然后再将其电源线插入 USB 接口；拆除时先断开其电源，再断开串行通信电缆，否则极易损坏 PC 机的串口。

5. 调试

（1）硬件调试时先分步调试硬件中各个功能模块，调试成功后再进行统调。

（2）在磁场增强时，霍尔传感器输出低电平，指示灯亮；磁场减弱时，输出高电平，指示灯熄灭。当电机转动时感应电压指示灯高频闪烁，所以视觉上指示灯不会有较大的闪烁感。当给 NJK‑8002D 型霍尔传感器施加 15 V 电压时，其输出端可以输出 4 V 感应电压。输出幅值为 4 V 的矩形脉冲信号。

（3）为方便调试，先用信号发生器产生的 1 kHz 的正弦信号传送给 LM358 整形电路，然后进行调试，直到可以输出矩形脉冲信号为止，此时，该整形电路调试即可完成。最后再以此信号为测试信号传送给单片机系统，进行测量、显示等其他功能的调试。

（4）在进行软件编程调试时，需要用到单片机的集成开发环境 MedWin V3 软件，编程时极易出现误输入或其他一些语法错误，或者无语法错误却达不到预期的功能，这都要经过调试才能排除。

（5）将软件 STC‑IP 下载到实验板的 SIC 单片机中。下载软件的最后一步：先检查电路，一定要保持实验板的串行通信线及电源线与 PC 机连接良好，并且实验板的电源开关处于关闭状态，然后点击软件界面中的【下载】按钮，再打开实验板电源开关，此时软件将自动完成程序下载。

（6）最后将硬件和软件结合起来进行整体调试，实现系统的测速功能。

任务 3　创客天地——Arduino 与霍尔传感器

1. 概述

Arduino 中的霍尔传感器模块如图 5‑10 所示，霍尔传感器模块是基于霍尔感应原理的磁性传感器，可以用来探测磁性材料（磁铁），且不分极性，范围可达 3 cm 左右（探测范围和磁性强弱有关）。霍尔传感器具有对磁场敏感、结构简单、体积小、频率响应宽、输出电压变化大和使用寿命长等优点。

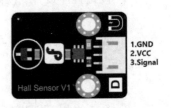

图 5‑10　霍尔传感器模块

2. Arduino 与霍尔传感器的硬件连线图

按图 5-11 选择 Arduino 中的模块，并完成模块间的硬件接线。

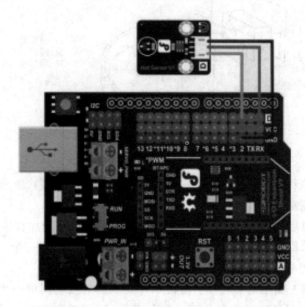

图 5-11　Arduino 与霍尔传感器模块的硬件接线图

3. Arduino 程序下载与测试

在 Arduino 菜单栏工具中，选中 Arduino Leonardo，并选择正确的串口号，上传样例程序(扫描图 5-12 中二维码，可下载样例程序)，下载完成后，完成测试。

（a）样例程序　　　　　　　　　（b）二维码

图 5-12　霍尔传感器模块程序验证

◇ **透视实体——霍尔式压力表**

霍尔式压力表是利用霍尔效应制成的压力测量仪器。霍尔式压力表的原理图如图 5-13 所示。被测压力由弹簧管 1 的固定端引入，弹簧管自由端与霍尔片 3 相连接，在霍尔片的上下垂直安放着两对磁极，使霍尔片处于两对磁极所形成的非均匀线性磁场中，霍尔片的四个端面引出四根导线，其中与磁钢 2 相平行的两根导线与直流稳压电源相连接，另两根用来输出信号。当被测压力引入后，弹簧管自由端产生位移，从而带动霍尔片移动，改变了施加在霍尔片上的磁感应强度，根据霍尔效应进而转化成霍尔电势的变化，达到了压力—位移—霍尔电势的转换，实现了压力测试。

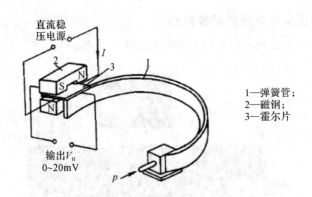

图 5-13　YSH-3 型压力传感器机构示意图

（1）压力—霍尔片位移转换：将霍尔片固定在弹簧管自由端，当被测压力作用于弹簧管时，把压力转换成霍尔片线性位移。

（2）非均匀性磁场的产生：为了达到不同的霍尔片位移，施加在霍尔片的磁感应强度 B 不同，又保证霍尔片位移—磁感应强度 B 线性转换，这就需要一个非均匀线性磁场。非均匀线性磁场是靠极靴的特殊几何形状形成的。

（3）霍尔片位移—霍尔电势转换：当霍尔片处于两对极靴间的中央平衡位置时，由于霍尔片左右两半所通过的磁通方向相反、大小相等，互相对称，故在霍尔片左右两半上产生的霍尔电势也大小相等、极性相反。因此，从整块霍尔片两端导出的总电势为零，当有压力作用时，则霍尔片偏离极靴间的中央平衡位置，霍尔片两半所产生的两个极性相反的电势大小不相等，从整块霍尔片导出的总电势不为零。压力越大，输出电势越大。沿霍尔片偏离方向上的磁感应强度的分布呈线性状态，故霍尔片两端引出的电势与霍尔片的位移呈线性关系，即实现了霍尔片位移和霍尔电势的线性转换。

霍尔压力表应垂直安装在机械振动尽可能小的场所，且倾斜度小于 3°。当介质易结晶或黏度较大时，应加装隔离器。通常情况下，以使用在测量上限值 1/2 左右为宜，且瞬间超负荷应不大于测量上限的 2 倍。由于霍尔片对温度变化比较敏感，当使用环境温度偏离仪表规定的使用温度时，要考虑温度附加误差，可采取恒温措施（或温度补偿措施）。此外，还应保证直流稳压电源具有恒流特性，以保证电流的恒定。

 知识拓展

几种霍尔式传感器

1. 高斯计

图 5-14 所示为高斯计实物和原理图。由图 5-14（b）可知，将霍尔元件垂直置于磁场 B 中，输入恒定的控制电流 I，则霍尔输出电压 U_H 正比于磁场强度 H 或磁感应强度 B，此方法可以测量恒定或交变磁场的高斯数。

使用高斯计在测量空间磁感应强度时，应将霍尔式传感器的有效作用点垂直于被测量的空间位置的磁力线方向。在测量材料表面磁感应强度时，应将霍尔式传感器的有效作用点垂直于材料的磁力线方向且紧密接触被测材料表面，高斯计的数字显示值即为被测材料表面磁场的大小。

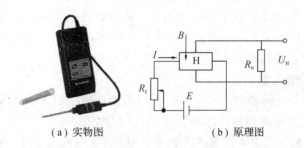

（a）实物图　　　　　　　（b）原理图

图 5-14　高斯计

2. 电流计

图 5-15 为电流计示意图，将霍尔元件垂直置于磁环开 U 气隙中，让载流导体穿过磁环，由于磁环气隙的磁感应强度 B 与待测电流 I 成正比，当霍尔元件控制电流 I 一定时，霍尔输出电压 U_H 正比于待测电流 I，这种非接触检测安全简便，适用于高压线电流的检测。

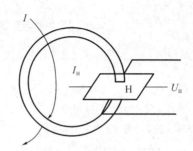

（a）霍尔钳形电流计实物图　　　　（b）霍尔电流计示意图

3. 霍尔式位移传感器

图 5-15　霍尔电流计

图 5-16 所示为霍尔式位移传感器，图 5-17 所示为霍尔传感器测位移示意图。当被测量物体在一定范围内移动时，若保持霍尔元件的控制电流恒定，而使霍尔元件在一个均匀梯度的磁场中移动，则霍尔输出电压 U_H 与位移量呈线性关系，即 $U_H = KX$，如图 5-18 所示。这种传感器的磁场梯度越大，灵敏度越高；磁场梯度越均匀，输出线性度就越好。

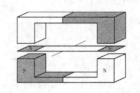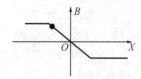

图 5-16　霍尔式位移传感器　　　图 5-17　测位移示意图　　　图 5-18　线性关系

项目五小结

本项目任务一介绍霍尔传感器的工作原理、分类以及霍尔元件。任务二采用霍尔式传感器代表性产品——转速测量仪的设计与制作，完成相关电路的设计与搭建。任务三利用Arduino中的传感器模块完成创新实验。在实际教学中，任务二和任务三可根据实际需要选择其中一项任务完成即可。

霍尔传感器相关概念如下：

（1）霍尔传感器是一种磁敏传感器，即对磁场参量敏感的元器件或装置，它是利用半导体材料的霍尔效应进行测量的传感器。

（2）霍尔效应：金属或半导体薄片置于磁场中，当有电流流过时，在垂直于电流和磁场的方向上将产生电动势，这种物理现象称为霍尔效应。

（3）霍尔元件有分立型和集成型两类。分立型有单晶和薄膜两种；集成型有线性霍尔电路和开关霍尔电路两种。

（4）霍尔式传感器的组成：霍尔元件、加于激励电极两端的激励电源、与霍尔电极输出端相连的测量电路、产生某种具有磁场特性的装置。

思考与练习

1. 单项选择题

（1）公式 $U_H = K_H IB\cos\theta$ 中的角 θ 是指 _____ 。

A. 磁力线与霍尔薄片平面之间的夹角

B. 磁力线与霍尔元件内部电流方向的夹角

C. 磁力线与霍尔薄片的垂线之间的夹角

（2）磁场垂直于霍尔薄片，磁感应强度为 B，但磁场方向相反（$\theta = 180°$）时，霍尔电势 _____ ，因此霍尔元件可用于测量交变磁场。

A. 绝对值相同，符号相反　　　　　　B. 绝对值相同，符号相同

C. 绝对值相反，符号相同　　　　　　D. 绝对值相反，符号相反

（3）霍尔元件采用恒流源激励是为了 _____ 。

A. 提高灵敏度　　　　　B. 克服温漂　　　　　C. 减小不等位电势

（4）减小霍尔元件的输出不等位电势的办法是 _____ 。

A. 减小激励电流　　　　B. 减小磁感应强度　　　C. 使用电桥调零电位器

（5）属于四端元件的是 _____ 。

A. UGN3501（SL3501，CS3501）　　　　B. 压电晶片

C. 霍尔元件　　　　　　　　　　　　D. 光敏电阻

2. 霍尔传感器检测的基本原理是什么？它有什么特点？

3. 霍尔传感器可分为几类？

4. 为什么导体材料和绝缘体材料均不宜做成霍尔元件？

5. 霍尔线性传感器的基本组成有哪些？有何应用特点？

6. 开关霍尔传感器基本组成元件有哪些？有何应用特点？

项目六　压电传感器与声震动电子狗电路设计

 学习目标

1. 掌握压电效应概念、性能和特点。
2. 熟悉压电元件的连接方式。
3. 会分析由压电传感器组成检测系统的工作原理。
4. 能正确应用和维护压电传感器。
5. 能正确设计与制作声震动电子狗。

情景案例

　　压电效应是某些介质在力的作用下产生形变时，在介质表面出现异种电荷的现象。这种神奇的效应已被应用到与人们生产、生活、军事、科技密切相关的许多领域。目前流行的一次性塑料打火机，有相当一部分是采用压电陶瓷器件来打火的。取出其中的压电打火元件，其外形如图6-1(a)所示。用压电陶瓷将外力转换成电能的特性，可以生产煤气灶打火开关、炮弹触发引信等。此外，压电陶瓷还可以作为敏感材料，应用于扩音器、电唱头等电声器件；用于压电地震仪，可以对人类不能感知的细微振动进行监测，并精确测出震源方位和强度，从而预测地震，减少损失。利用压电效应制作的压电驱动器具有精确控制的功能，是精密机械、微电子和生物工程等领域的重要器件。

（a）打火机　　　　　　（b）蜂鸣器　　　　　　（c）压电键盘

图6-1　压电效应应用案例

任务1　学习电容传感器

活动一　探索神奇的实验

目前流行的一次性塑料打火机，有相当一部分是采用压电陶瓷器件来打火的。取出其中的压电打火元件，采用示波器测量压电打火机的电压陶瓷元件产生的瞬间电压。

（1）把示波器交直流选择开关置于"DC"挡，扫描范围置于"10～100 kHz"挡，用 X 移位和 Y 移位将水平亮线移到方格坐标的中央部，置 X 轴上。

（2）将 Y 输入接线柱上的两根馈线的鳄鱼夹分别接在压电打火机压电元件的两个电极上，迅速按下其黑色塑料压杆，可以看到原来位于中央高度的水平亮线向上（或向下）跳动又恢复原位。

（3）观察电压脉冲的波形：每次按动压杆的同时，调节示波器"扫描微调"旋钮（事先将扫描范围换到"10～100 Hz"挡），观察荧光屏上的波形。可以看出，其电压上升时波形较陡，降低时波形较平缓。

活动二 学习压电传感器的工作原理、结构、分类

1. 压电效应的概念

某些电介质，当沿着一定方向对其施力而使它变形时，其内部会产生极化现象，同时在它的两个表面上产生符号相反的电荷，当外力去除后，其又重新恢复到不带电状态，当外力作用方向改变时，电荷的极性也随之改变，晶体受力所产生的电荷量与外力的大小成正比，这种现象称为正压电效应。相反，当在电介质极化方向施加电场，这些电介质也会产生变形，当外加电场撤去时，这些变形或压力也随之消失，这种现象称为逆压电效应，或称为电致伸缩效应。

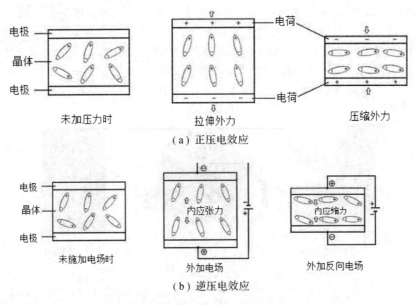

图 6-2 压电效应原理图

2. 压电材料

在自然界中大多数晶体具有压电效应，但压电效应十分微弱。随着对材料的深入研究，发现石英晶体、钛酸钡、锆钛酸铅等材料是性能优良的压电材料。应用于压电式传感器中的压电元件材料一般有三类：压电晶体、经过极化处理的压电陶瓷、高分子压电材料。

1) 石英晶体

压电晶体一般指压电单晶体，石英晶体是一种性能良好的压电晶体，它的理想几何形状为正六面体晶柱，如图 6-3 所示。它是二氧化硅的单晶体，突出优点是性能非常稳定，介电常数与压电系数的温度稳定性特别好，且居里点高，可达到 575℃。此外，它还具有很大的机械强度和稳定的机械性能，绝缘性能好、动态响应快、线性范围宽、迟滞小等优点。

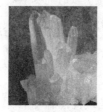 

（a）天然晶体　　　　（b）人造石英晶体

图 6-3　石英晶体

2) 压电陶瓷

压电陶瓷是人工制造的多晶体压电材料。压电陶瓷由无数单晶（电畴）组成，电畴的结构与铁磁材料磁畴结构类似。虽然每个单晶（电畴）都有压电效应，但是组成多晶之后，各单晶（电畴）的压电效应会相互抵消，所以原始的压电陶瓷没有压电效应，必须经过极化处理。极化处理即在一定温度条件下，对压电陶瓷加上强电场，使陶瓷内部电畴定向排列，从而使陶瓷具有压电性能。当陶瓷材料受到外力作用时，电畴的界限发生移动，引起极化强度变化，产生了压电效应。

与石英晶体相比，压电陶瓷的压电系数很高，具有烧制方便、耐湿、耐高温、易于成型等特点，制造成本很低。因此，在实际应用中的压电传感器，大多采用压电陶瓷材料。压电陶瓷的缺点是，居里点较石英晶体低，达到 200～400℃，性能没有石英晶体稳定。常用的压电陶瓷材料有钛酸钡压电陶瓷、锆钛酸铅系列压电陶瓷、铌酸盐系列压电陶瓷、铌镁酸铅压电陶瓷等，图 6-4 是各种常见的压电陶瓷。

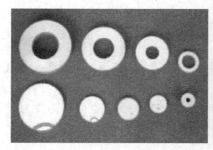 

图 6-4　各类压电陶瓷外形

3) 高分子压电材料

某些合成高分子聚合物薄膜经延展拉伸和电场极化后，具有一定的压电性能，这类薄膜称为高分子压电薄膜。目前出现的压电薄膜有聚二氟乙烯 PVF2、聚氟乙烯 PVF、聚氯乙烯 PVC 等，它们都是柔软的压电材料，不易破碎，可以大批量生产，而且可以制成较大的面积。

（a）压电薄膜　　　　　　　　　　（b）电缆

图 6-5　高分子压电材料做成的压电薄膜及电缆

3. 压电式传感器测量电路

1）压电元件的串并联

单片压电晶片难以产生足够的表面电荷，在压电式传感器中常采用两片或两片以上压电晶片组合在一起使用。由于压电晶体是有极性的，因而两片压电晶体构成的传感器有两种接法：串联和并联。两压电元件的负极集中在中间极板上，正极在上下两边并连接在一起，此种接法称为并联连接，其电容量大，输出电荷量大，适用于测量缓变信号和以电荷为输出的场合。上极板为正极，下极板为负极，在中间是一元件的负极与另一元件的正极相连接，此种接法称为串联连接，其传感器本身电容小，输出电压大，适用于要求以电压为输出的场合，并要求测量电路有较高的输入阻抗。

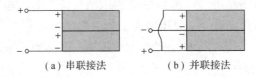

（a）串联接法　　　　　　（b）并联接法

图 6-6　压电元件的串并联

2）压电传感器的等效电路

将压电晶片产生电荷的两个晶面封装上金属电极后，就构成了压电元件。当压电元件受力时，就会在两个电极上产生正负等量电荷，因此，可以把它看成一个电荷发生器。压电元件上聚集正负电荷的两个表面类似于电容器的两个极板，因此它又相当于一个以压电材料为介质的电容器，其电容值为

$$C_a = \frac{\varepsilon_0 \varepsilon_r S}{d}$$

式中：ε_0 为真空介电常数，ε_r 为压电材料的相对介电常数，d 为压电元件的厚度，S 为压电元件的极板面积。

因此可以把压电元件等效为一个与电容相并联的电荷源，也可以等效为一个与电容相串联的电压源，如图 6-7 所示。

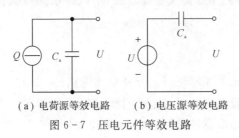

（a）电荷源等效电路　　　（b）电压源等效电路

图 6-7　压电元件等效电路

压电式传感器不能用于静态测量。压电元件只有在交变力的作用下，才能源源不断地产生电荷，可以供给测量回路一定的电流，故只适用于动态测量。压电传感器与测量电路连接时，还应考虑连接线路的分布电容 C_c，放大电路的输入电阻 R_i，输入电容 C_i，压电传感器的内阻 R_a。所以压电传感器的实际等效电路如图 6-8 所示。

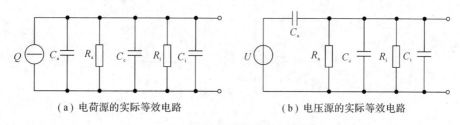

（a）电荷源的实际等效电路 　　　　 （b）电压源的实际等效电路

图 6-8　压电传感器实际等效电路

3）压电传感器的测量电路

压电式传感器的内阻很高，要求与高输入阻抗的前置放大电路配合，与一般的放大、检波、显示、记录电路连接，防止电荷的迅速泄漏而使测量误差减少。因此它的测量电路通常需要接入一个高输入阻抗的前置放大器。压电式传感器的前置放大器的作用有两个：一是把传感器的高阻抗输出变为低阻抗输出；二是把传感器的微弱信号进行放大。根据压电式传感器的工作原理及等效电路，它的输出可以是电荷信号，也可以是电压信号，因此与之配套的前置放大器也有电荷放大器和电压放大器两种形式。由于电压前置放大器的输出电压与电缆电容有关，故目前多采用电荷放大器。

（1）电荷放大器。如图 6-9 所示为电荷放大器电路原理图。并联输出型压电元件可以等效为电荷源。电荷放大器实际上是一个具有反馈电容 C_f 的高增益运算放大器电路。

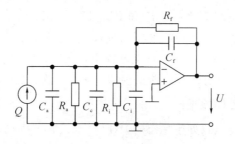

图 6-9　电荷放大器电路原理图

电荷放大器的输出电压仅与输入电荷和反馈电容有关，与分布电容无关。因此电缆电容等其他因素的影响可以忽略不计。电荷放大器可以进行远距离的测量，并且连接线分布电容的变化不影响灵敏度，这是电荷放大器最大的特点。电荷放大器如图 6-10 所示。

图 6-10　电荷放大器

（2）电压放大器（阻抗变换器）。如图 6-11 所示为电压放大器电路原理图。串联输出型压电元件可以等效为电压源，但由于压电效应引起的电容量很小，因而其电压源等效内阻很大，在接成电压输出型测量电路时，要求前置放大器不仅有足够的放大倍数，而且应具有很高的输入阻抗。

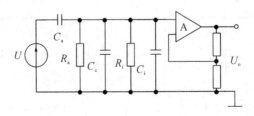

图 6-11　电压放大器原理图

电压放大器的输入电压与连接线路的分布电容有关，当连接线路的长度改变时，分布电容随之变化，输入电压也随之变化，所以使用电压放大器时压电传感器放大器之间的连接线路不能随意更换，否则影响测量结果。

任务 2　压电传感器应用训练——声震动电子狗电路的设计

活动一　认识声震动电子狗工作模型

1. 声振动电子狗的基本结构

声震动电子狗的核心元件是 IC_1（555）和 IC_2。IC_1 是 555 时基电路，使用时，当输入信号自输入端 6 脚输入电压并超过 $2/3U_{cc}$ 时，触发器复位，555 的输出端 3 脚输出低电平；当输入信号自 2 脚输入并低于 $1/3U_{cc}$ 时，触发器置位，555 的 3 脚输出高电平。这款电路应用非常广泛，根据不同的接法，可形成多谐振荡器、单稳电路、双稳电路等。

2. 声振动电子狗的工作原理

如图 6-12 所示，平时电路处于稳态时，HTD 未接收到声振动信号时，电路处于守候状态，场效应管 V_1 截止，555 时基电路的 3 脚输出低电平，报警芯片因无供电而不报警。当有振动信号时，当此时 C_3 经 R_4 充电为高电平，故 IC_1 的③脚输出低电平，IC_2 报警音乐电路不会工作；当 HTD 接收到声振动信号后，将转换的电信号加到 V_1 栅极，经放大后加到 IC_1 的②脚（经电容器 C_1），使 IC_1 的状态翻转，③脚输出高电平加到 IC_2 上，IC_2 被触发从而驱动扬声器发出音乐声。经过 2 min 左右，由于电容 C_3 的充电使 IC_1 的⑥脚为高电平，电路翻转，③脚输出低电平，IC_2 报警电路随之停止报警。但若 HTD 有连续不断的触发信号，则报警声会连续不断，直到 HTD 无振动信号 2 min 后，报警声才会停止。

活动二　电路的设计与仿真

1. 声振动电子狗电路图

声震动电子狗电路图如图 6-12 所示。

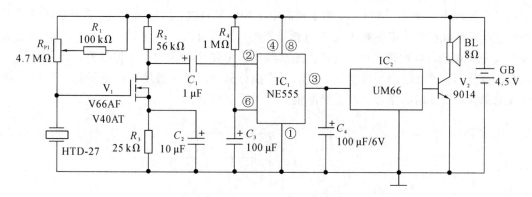

图 6-12　声震动电子狗电路图

2. 元件的选择

（1）IC$_1$ 选用 NE555 时基电路，IC$_2$ 为 UM66 集成电路。

（2）压电材料选用 HTD-27 压电陶瓷片。

3. 制作方法

（1）为了方便，应从最低元件开始安装。如有短路跳线，请先安装短路跳线，接着再安装电阻、三极管、电容、电位器。对于手工安装，元件必须分批安装：即先插入 3～8 个元件，焊好这几个元件后，剪掉元件引脚，再插入下批元件进入下一批安装过程，直到装完全部元件。

（2）有些不能完全插入的不要强型用力按下去，这样可能会损坏元件。正确做法是事先用工具加工元件的引脚形状，确保元件能顺利无阻碍地插装在线路板上。

（3）元件插在线路板上后，焊接时会翻过线路板，为了防止元件因重力而掉落，可以在焊接面的元件根部弯折成 120°左右的角度。角度过小，起不到防止元件脱落的作用；角度过大，会给焊接后剪元件脚带来不便，还会影响美观。

（4）电烙铁焊接时间应控制在 2～3 秒，烙铁温度高时焊接时间短，温度低时焊接时间长，但烙铁温度太高和太低时都不适合进行焊接，否则易损坏元件或线路板。

（5）电解电容分正、负极，长引脚的那边为正极。

（6）仔细检查各个部分，看是否有连锡或虚焊、漏焊的，连锡的焊开，虚焊、漏焊的补焊好。

4. 调试

（1）报警部分调试时，可将 V$_1$ 的 C、E 极间短路。若有正常的报警声发出，说明报警电路工作正常；若不正常，应重点检查各元件是否安装可靠。

（2）555 单稳态电路调试时，只要按线路板上的标识进行焊接，基本无须调试，开始调试时用短接两焊点的办法来模拟，当工作正常后，再焊上压电陶瓷片。

◇ **透视实体——压电式玻璃破碎电子狗**

将高分子压电测震薄膜粘贴在玻璃上，可以感受到玻璃破碎时发出的震动，并将电压信号传送给集中报警系统。压电式玻璃破碎电子狗使用时，用瞬干胶将其粘贴在玻璃上。当玻璃遭暴力打碎时瞬间产生振动波，压电薄膜把振动波转换成电压输出，输出电压经放大、滤波、比较等处理后提供给报警系统。工作时用电缆将传感器和报警电路连接起来，电子狗的电路框图如图6-13所示。为了提高电子狗的灵敏度,信号放大后,需经带通滤波器进行滤波,要求它对选定的频谱通带的衰减要小,而带外衰减要尽量大。由于玻璃震动的波长在音频和超声波的范围内,这就使滤波器成为电路中的关键。当传感器输出信号高于设定的阈值时,才会输出报警信号,驱动报警执行机构工作。玻璃破碎电子狗可广泛应用于文物保管、贵重商品保管及其他商品柜台的保管等场合。

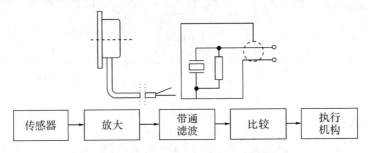

图6-13 压电式玻璃破碎电子狗电路框图

任务3 创客天地——Arduino与压电陶瓷传感器

1. 概述

基于压电陶瓷片的模拟震动传感器,是利用压电陶瓷给电信号产生震动的反变换过程,当压电陶瓷片震动时就会产生电信号,与Arduino专用传感器扩展板结合使用,Arduino模拟口能感知微弱的震动电信号,可实现与震动有相关的互动作品,比如电子鼓互动作品,引脚定义:1(灰色)——地;2(蓝色)——输出;3(红色)——电源。

图6-14 Arduino压电陶瓷模块

2. Arduino与压电陶瓷传感器的硬件连线图

按图6-15选择Arduino中的模块,完成模块间的硬件接线。

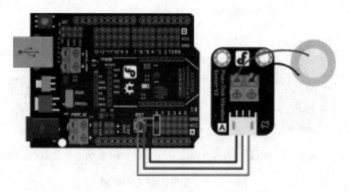

图6-15　Arduino与压电陶瓷传感器的硬件连线图

3. Arduino 程序下载与测试

在 Arduino 菜单栏工具中，选中 Arduino Leonardo 并选择正确的串口号，上传样例程序(扫描图6-16中二维码，可下载样例程序)，下载完成后，不对压电陶瓷片施加压力时，输出的模拟量为0；当对压电陶瓷片施加压力，输出模拟量会发送变化，而且随着压力的增大而增大。

```
//Arduino Sample code
void setup()
{
  Serial.begin(9600); //
}
void loop()
{
    int val;
    val=analogRead(0);//Connect
    Serial.println(val,DEC);//
    delay(100);
}
```

（a）样例程序　　　　　　　　　　（b）二维码

图6-16　压电陶瓷传感器程序验证

🏃 **知识拓展**

两种压电传感器

(1) CY-YD-211压电式压力传感器。CY-YD系列压电式压力传感器是利用压电材料的压电效应将被测压力转换为电信号的传感器。它具有频率范围宽、动态响应快、温度特性好等特点，适合于动态压力测试。特点是无源PE电荷型，特高灵敏度。可实现气、液体微动压测量，并可进行管道泄漏监测，频响宽，刚度大。

(2) RC6000系列压电式加速度传感器。该传感器可广泛用于航空航天、国防军工、冶金机械、车辆运输、桥梁船舶、土木建筑、教学实验等方面的振动与冲击测量，它具有频响宽、灵敏度高、横向灵敏度小和抗外界干扰能力强的优点。加速度传感器由底座、质量块、敏感元件和外壳组成，其作用是与电荷放大器配套，真实复原被测信号。其工作原理是利用压电陶瓷的压电效应而制造出的一种机电换能产品。用加速度计进行测量，为使数据准确和使用方便，可使用多种方法安装，如螺钉安装、粘接安装、磁座安装等。连接加速度计到电荷放大器的电缆在整个测量系统中是很重要的一个环节，为减少噪声，必须选择低噪声电缆，使用中导线不宜晃动，以免带来低频干扰。

（a）CY-YD-211压电式压力传感器　　（b）RC6000系列压电式加速度传感器

图 6-17　常用压电式传感器

项目六小结

本项目任务一介绍压电传感器的结构、工作原理、分类。任务二采用压电传感器代表性产品声震动电子狗完成相关电路的设计与搭建，使用压电传感器进行检测，完成数据采集、处理。任务三利用 Arduino 中的传感器模块完成创新实验。在实际教学中，任务二和任务三可根据实际需要选择其中一项任务完成即可。

（1）压电传感器的工作原理——压电效应。压电传感器主要概念如下：

压电效应：某些电介质，当沿着一定方向对其施力而使它变形时，其内部会产生极化现象，同时在它的两个表面上产生符号相反的电荷，当外力去除后，其又重新恢复到不带电状态，当外力作用方向改变时，电荷的极性也随之改变；晶体受力所产生的电荷量与外力的大小成正比，这种现象称为压电效应。

相反，当在电介质极化方向施加电场，这些电介质也会产生变形，当外加电场撤去时，这些变形或压力也随之消失，这种现象称为为逆压电效应。

（2）压电传感器的分类——应用于压电式传感器中的压电元件材料一般有三类：压电晶体、经过极化处理的压电陶瓷、高分子压电材料。

（3）压电元件的串并联——由于压电元件上的电荷是有极性的，因此接法有串联和并联两种。

串联连接：上极板为正极，下极板为负极，在中间是一元件的负极与另一元件的正极相连接。其传感器本身电容小，输出电压大，适用于要求以电压为输出的场合，并要求测量电路有高的输入阻抗。

并联连接：两压电元件的负极集中在中间极板上，正极在上下两边并连接在一起。其电容量大，输出电荷量大，适用于测量缓变信号和以电荷为输出的场合。

（4）压电式传感器的前置放大器有两个作用——一是把传感器的高阻抗输出转换为低阻抗输出；二是把传感器的微弱信号进行放大。

（5）压电传感器的测量电路——电荷放大器和电压放大器。

电荷放大器的输出电压仅与输入电荷和反馈电容有关，与分布电容无关。电荷放大器可以进行远距离的测量，并且连接线的分布电容的变化不影响灵敏度，这是电荷放大器最大的特点。

　　电压放大器的输入电压与连接线路的分布电容有关,当连接线路的长度改变时,分布电容随之变化,输入电压也随之变化,所以使用电压放大器时压电传感器放大器之间的连接线路不能随意更换,否则会影响测量结果。

思考与练习

　　1. 在以下几种传感器中,_____属于自发电型传感器。

　　A. 电容式　　　　　B. 电阻式　　　　　C. 压电式　　　　　D. 电感式

　　2. 将超声波(机械振动)转换成电信号是利用压电材料的_____。

　　A. 应变效应　　　　B. 电涡流效应　　　C. 正压电效应　　　D. 逆压电效应

　　3. 在一动态压力测量试验中,选用一个压电传感器进行测量,但传感器安装位置与放大器位置相距较远,应选_____。

　　A. 电压放大器　　　B. 电荷放大器　　　C. 中频放大器　　　D. 直流放大器

　　4. 压电材料在使用中一般是两片以上一起使用,在以电荷作为输出时一般是把压电元件_____起来,而当以电压作为输出时则一般是把压电元件_____起来。

　　5. 压电传感器利用_____效应工作,常用的前置放大器有_____和_____。

　　6. 压电陶瓷是人工制造的多晶体压电材料,与石英晶体相比,压电陶瓷的压电系数很高,具有_____、耐湿、_____、易于成型的特点,制造成本很低。

　　7. 说明压电效应的原理,并描述三种压电材料的特性。

　　8. 简述压电式传感器前置放大器的作用及两种形式放大器各自的优缺点。

　　9. 为什么压电传感器只能用于动态测量,不能用于静态测量?

项目七 半导体气敏、湿敏传感器与烟雾报警器电路的设计

学习目标

1. 理解半导体气敏、湿敏传感器的工作原理。
2. 了解半导体气敏、湿敏传感器的主要应用。
3. 能正确选择气敏元件和湿敏元件。
4. 能正确设计与制作烟雾报警器。

情景案例

酒驾检测中所涉及的酒精检测仪(图7-1所示)是一种典型的气敏传感设备,它是用来检测人体是否摄入酒精及摄入酒精程度多少的仪器。它可以作为交通警察执法时检测饮酒司机饮酒多少的检测工具(图7-1(b)),以有效减少重大交通事故的发生;也可以用在其他场合检测人体呼出气体中的酒精含量,避免人员伤亡和财产的重大损失,如图7-1(c)所示。

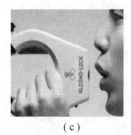

(a)　　　　　　　　　　(b)　　　　　　　　　　(c)

图7-1 气敏传感器应用案例

任务1 学习半导体气敏、湿敏传感器

活动一 神奇的实验:探索气敏和湿敏传感器

1. 气敏传感器演示实验

按图7-2(b)接线并将主机箱电压表(20 V挡)输入U_{in}的⊥与可调电源(切换开关打到

±6 V挡)＋6 V的⊥相连。合上主机箱电源开关，传感器通电较长时间(至少5分钟以上，因传感器长时间不通电的情况下，内阻会很小，上电后U_o输出很大，不能即时进入工作状态)后才能工作。等待传感器输出U_o较小(小于1.5 V)时，用自备的酒精小棉球靠近传感器端面，并吹2次气，使酒精挥发并进入传感器金属网内，观察电压表读数的变化。

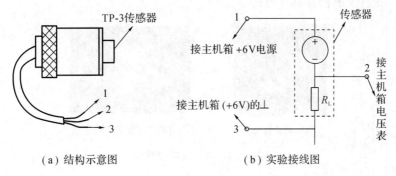

（a）结构示意图　　　　　　（b）实验接线图

图7-2　气敏(酒精)传感器

通过上述实验可以得出以下结论：随着酒精浓度的增加，其氧化物电阻逐渐减小，主机电压表所显示的电压逐渐增大。

2. 湿敏传感器演示实验

做以下的实验：按图7-3(b)示意图接线，并将主机箱电压表量程切换到20 V挡。检查接线无误后，合上主机箱电源开关，传感器通电先预热5分钟以上，然后往湿敏座中加入若干量干燥剂(不放干燥剂为环境湿度)，放上传感器，等到电压表显示值稳定后记录显示值。倒出湿敏座中的干燥剂然后加入潮湿小棉球，放上传感器，等到电压表显示值稳定后记录显示值。观察记录值的变化规律。

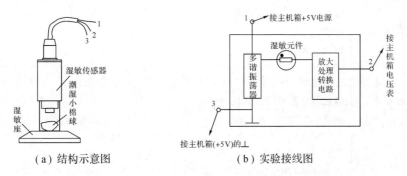

（a）结构示意图　　　　　　（b）实验接线图

图7-3　湿敏传感器

通过以上实验可以得出结论：由于湿敏元件阻抗随相对湿度变化成对数变化，故我们可以根据电压示数的变化，来查出当前环境的湿度。

活 动 二　气 敏 传 感 器

1. 气敏传感器的定义

气敏传感器(又称气敏元件)是指能感知环境中某种气体及其浓度的一种敏感器件，图7-4是几种常见的气敏传感器。它将气体种类及其浓度有关的信息转换成电信号，根据这些电信号的强弱可以获得与待测气体在环境中存在情况有关的信息，从而可以进行检测、监控、报警，还可以通过接口电路与计算机组成自动检测、控制和报警系统。

气敏电阻是一种半导体敏感器件，它是利用气体的吸附而使半导体本身的电导率发生变化这一机理来进行检测的。人们发现某些氧化物半导体材料如 SnO_2、ZnO、Fe_2O_3、MgO、NiO、$BaTiO_3$ 等都具有气敏效应。

(a) 酒精传感器 　　　　　　　(b) 家用燃气探头

图 7-4　各类气敏传感器

2. 气敏传感器的分类

气敏传感器根据原理不同，可以分为很多不同的种类，常见的气体传感器包括电化学气体传感器、催化燃烧气体传感器、半导体气体传感器、红外气体传感器等。不同类型的传感器由于原理和结构不同，其性能、使用方法、适用气体、适用场合也不尽相同。其中半导体气敏传感器应用最多。

半导体气敏传感器按照检测对象分类，可以分为爆炸性气体、有毒气体、环境气体、工业气体以及其他，如表 7-1 所示。

表 7-1　半导体气敏传感器按对象分类

分　类	检测对象气体	应用场所
爆炸性气体	液化石油气、城市用煤气 甲烷 可燃性煤气	家庭 煤矿 化工企业
有毒气体	一氧化碳(不完全燃烧的煤气) 硫化氢、含硫的有机化合物 卤素、卤化物、氨气等	煤气灶 (特殊场所) (特殊场所)
环境气体	氧气(防止缺氧) 二氧化碳(防止缺氧) 水蒸气(调节温度、防止结露) 大气污染(SO_x，NO_x等)	家庭、办公室 家庭、办公室 电子设备、汽车 温室
工业气体	氧气(控制燃烧、调节空气燃料比) 一氧化碳(防止不完全燃烧) 水蒸气(食品加工)	发电机、锅炉 发电机、锅炉 电炊灶
其他	呼出气体中的酒精、烟等	

3. 气敏传感器的工作原理

电阻型气敏传感器是利用气体在半导体表面的氧化和还原反应，导致敏感元件阻值变化。半导体气敏器件被加热到稳定状态下，当气体接触器件表面而被吸附时，吸附分子首先在表面自由地扩散（物理吸附），失去其运动能量，其间的一部分分子蒸发，残留分子产生热分解而固定在吸附处（化学吸附）。这时，如果器件的功函数小于吸附分子的电子亲和力，则吸附分子将从器件夺取电子而变成负离子吸附。具有负离子吸附倾向的气体有 O_2 和 NO_x，称为氧化型气体或电子接收性气体。如果器件的功函数大于吸附分子的离解能，吸附分子将向器件释放电子，而成为正离子吸附。具有这种正离子吸附倾向的气体有 H_2、CO、碳氢化合物和酒类等，称为还原型气体或电子供给性气体。

总的来说：N 型半导体又称为电子型半导体，氧化型气体＋N 型半导体将会使载流子数下降，电阻增加，还原型气体＋N 型半导体将会使载流子数增加，电阻减小。P 型半导体又称空穴型半导体，氧化型气体＋P 型半导体将会使载流子数增加，电阻减小，还原型气体＋P 型半导体将会使载流子数下降，电阻增加。

4. 气敏传感器的结构

半导体是一种多晶材料，晶粒大小约为 10^{-6} cm，一个器件是由许许多多小颗粒组成的，在晶粒连接处形成许多晶粒间界；正是这些晶粒间界的性质决定着多晶材料的导电特性，整个半导体块的电导是由这些间界的导电性能决定的。

电阻型传感器主要由敏感元件、加热器、外壳三部分组成，如图 7-5 所示。气敏电阻的材料是金属氧化物，合成时加敏感材料和催化剂烧结，按制造工艺分类可分为烧结型、薄膜型、厚膜型。金属氧化物有：N 型半导体可以为 SnO_2、Fe_2O_3、ZnO、TiO；P 型半导体可以为 CoO_2、PbO、MnO_2、CrO_3。$n-SnO_2$ 气敏传感器是目前工艺最成熟的气敏器件，这种传感器以多孔质 SnO_2 陶瓷作为基本材料，添加不同的催化剂，采用传统制陶方法进行烧结。这些金属氧化物在常温下是绝缘的，制成半导体后才显示其气敏特性。

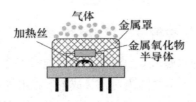

图 7-5　电阻型半导体气敏传感器的结构

5. 气敏传感器测量转换电路

气敏传感器测量电路是将元件电阻的变化转化成电压电流的变化，气敏电阻式传感器基本测量电路如图 7-6 所示。测量电路包括加热回路和测试回路两部分。其中，A、B 端为传感器测量电极回路，F、F' 引脚为加热回路。加热电极 F、F' 电压 $U_H = 5$ V，A-B 之间电极端等效为电阻 R_S，负载电阻 R_L 兼做取样电阻。负载电阻上的输出电压为

$$U_。 = \frac{R_L}{R_S + R_L} U$$

可见，输出电压与气敏电阻有对应关系。

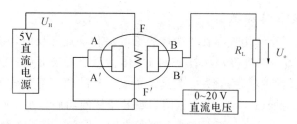

图 7 - 6   气敏电阻的测量电路

6. 气敏传感器的应用及其特点

气敏传感器可分为半导体气敏传感器、接触燃烧式气敏传感器和电化学气敏传感器等。半导体气敏传感器应用最广泛。其应用主要有：一氧化碳气体的检测、瓦斯气体的检测、煤气的检测、氟利昂的检测、呼气中乙醇的检测、人体口腔中口臭的检测等，如图 7 - 7 所示。

（a）一氧化碳矿用气体检测仪　（b）乙醇浓度检测仪　　（c）可燃气体检测仪

图 7 - 7   各种气体检测设备

气敏传感器用于检测工业现场、环境气体的浓度和成分，其主要应用包括：工业天然气、煤气等易燃、易爆的安全监测，容器或管道泄漏的检漏，酒后驾车的乙醇浓度检测，环境中的有害、有毒气体的监测，空气净化、家电用品、宇宙探测，牙医口臭检查，等等。

气敏传感器的特点：灵敏度较高，达 $10^{-6} \sim 10^{-3}$ 数量级，无需放大；可检测到可燃气体爆炸下限的 1/10，用于泄漏报警；响应速度较慢。

活 动 三   湿 敏 传 感 器

湿度是指空气中所含有的水蒸气量。湿度通常用绝对湿度和相对湿度来表示。

绝对湿度：单位空间所含水蒸气的绝对含量或浓度，用符号 AH 表示，单位(g/m^3)。

（1）相对湿度：被测气体中，蒸汽压和该气体在相同温度下饱和水蒸气压的百分比，一般用％RH 表示，无量纲。

（2）露点：当空气中的温度下降到某一温度时，空气中的水汽有可能转化为液相而凝结成露珠，这一特定温度称为空气的露点或露点温度。

（3）绝对湿度、相对湿度和露点温度都是表示空气湿度的物理量。空气的潮湿程度，一般多用相对湿度的概念，即在一定温度下，空气中实际水蒸气压与饱和水蒸气压的比值（用百分比表示）。当达到露点时，空气的水汽分压将与同温度下水的饱和水汽压相等。潮度的检测与控制在现代科研、生产、生活中的地位越来越重要。例如，许多储物仓库在湿度超过某一程度时，物品易发生变质或霉变现象，居室的湿度要求适宜，在农业生产、温室育花、食用菌培养、水果保鲜等行业都要对湿度进行检测和控制。

1. 常见的湿敏传感器

湿敏传感器是由湿敏元件和转换电路等组成的，将环境湿度变换为电信号的装置，在工业、农业、气象、医疗以及日常生活等方面都得到了广泛的应用，特别是随着科学技术的发展，对于湿度的检测和控制越来越受到人们的重视，并进行了大量的研制工作。常见的湿敏传感器有氯化锂湿敏电阻以及半导体陶瓷湿敏电阻等，本书以半导体陶瓷湿敏电阻为例展开陈述。

2. 半导体陶瓷湿敏传感器的工作原理

半导体陶瓷湿敏传感器工作原理是采用具有感湿功能的高分子聚合物(高分子膜)涂敷在带有导电电极的陶瓷衬底上，导电机理为水分子的存在影响高分子膜内部导电离子的迁移率，形成阻抗随相对湿度变化成对数变化的敏感部件。

湿敏半导体瓷的导电机理是水分子的氢原子具有很强的正电场，水分子在半导瓷表面吸附时从表面俘获电子，使半导瓷表面带负电。P 型半导体——水分子吸附使表面电势下降，吸引空穴到达表面，使表面层载流子增加电阻下降(P 型多空穴)；N 型半导体——水分子吸附使表面电势下降，电势下降较多时表面电子耗尽，同时吸引更多的空穴到达表面，可能使表面层的空穴浓度大于电子浓度，出现反型层，这些反型载流子同样可以在表面迁移而表现出电导特性。水分子吸附时表面电阻也会下降。

3. 典型半导瓷传感器的结构与特点

半导体陶瓷湿敏传感器的结构如图 7-8 所示，在陶瓷片的两面涂覆有多孔金电极。金电极与引出线烧结在一起，为了减少测量误差，在陶瓷片外设置由镍铬丝制成的加热线圈，以便对器件加热清洗，排除恶劣气氛对器件的污染。整个器件安装在陶瓷基片上，电极引线一般采用铂-铱合金。

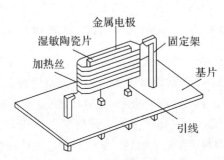

图 7-8　半导体陶瓷湿敏传感器

陶瓷式电阻湿敏传感器的特点：测湿范围宽，可实现全湿范围内的湿度测量；传感器表面与水蒸气的接触面积大，易于水蒸气的吸收与脱却；陶瓷烧结体能耐高温，物理、化学性质稳定，常温湿度传感器的工作温度在 150℃ 以下，而高温湿度传感器的工作温度可达800℃；抗污染能力强，适合采用加热去污的方法恢复材料的湿敏特性；可以通过调整烧结体表面晶粒、晶粒界和细微气孔的构造，改善传感器湿敏特性；响应时间较短，精度高；工艺简单，成本低廉。

4. 湿度传感器的测量电路

湿敏电阻必须工作在交流回路中，若采用直流供电，会引起多孔陶瓷表面结构改变，湿敏特性变劣；若交流电源频率过高，由于元件的附加容抗而影响测湿灵敏度和准确性。因此应以不产生正、负离子积聚为原则，使电源频率尽可能低。对于离子导电型湿敏元件，电源频率一般以 1 kHz 为宜。对于电子导电型湿敏元件，电源频率应低于 50 Hz。图 7 - 9 所示为湿度传感器测量电路原理框图。

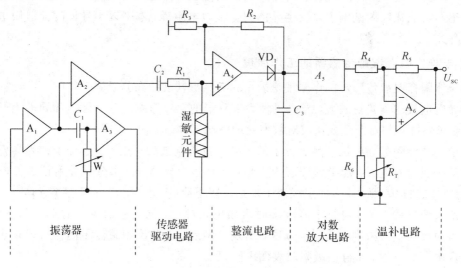

图 7 - 9　湿度传感器测量电路原理框图

任务 2　气敏传感器应用训练——烟雾报警器

活动一　认识烟雾报警器工作模型

烟雾报警器(图 7 - 10 所示)亦称火灾烟雾报警器、烟雾传感器、烟雾感应器等，它由总线供电，在总线上可以连接有多个烟雾报警器，与火灾报警控制器联网、通讯组成一个报警系统，报警时现场无声音，主机有声光提示，这类感烟报警装置一般称之为感烟探测器。烟雾传感器的典型型号有 MQ - 2 气体传感器，该传感器常用于家庭和工厂的气体泄漏装置，适宜于液化气、丁烷、丙烷、甲烷、酒精、氢气、烟雾等的探测。

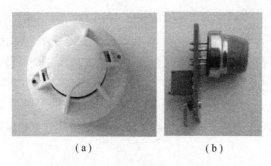

（a）　　　　　　　　（b）

图 7 - 10　烟雾报警器实物图

烟雾报警器是由两部分组成：一是用于检测烟雾的感应传感器，二是声音非常响亮的电子扬声器，一旦发生危险可以及时警醒人们，其结构图如图7-11所示。气体烟雾报警器的基本原理是当环境中有气体烟雾时，气敏传感器的阻值降低，导致电路中电流或电压升高，开关元件探测到此变化，即刻触发喇叭，实现报警。

图7-11 烟雾报警器的结构图

活动二 烟雾报警器的设计与制作

1. 烟雾报警器电路图

烟雾报警器电路图如图7-12和图7-13所示。

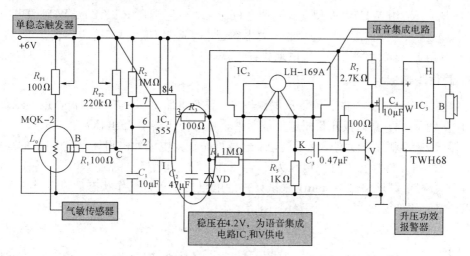

图7-12 烟雾报警器电路图1

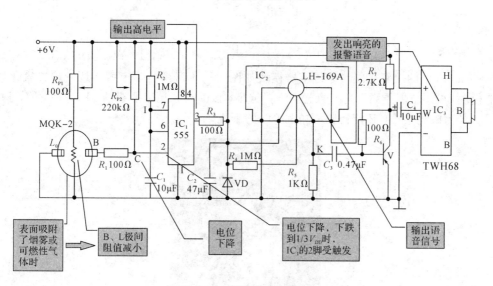

图7-13 烟雾报警器电路图2

"烟雾报警器"的工作原理：分析图 7-12、图 7-13，可知电源采用 220 V 交流电，通过变压器把 220 V 交流电转变为 6 V 交流电，再通过单项桥式全波整流电路将交流电转变为直流电，由于气敏传感器灯丝加热电压要求稳定，故采用稳压块进行稳压，将电压稳定在 4.2 V 直流电。555 定时器组成的多谐振荡报警电路，电源经电阻 R_3 和 R_4 对电容 C_2 进行充电。当有气体或烟雾时，B-L 极间阻值降低，使 C 电位下降，当电位下降到 $1/3V_{DD}$ 时，IC_1 的 2 脚触发，555 起振，IC_1 的 3 脚输出高电平，扬声器发出报警语音。

2. 元器件的选择

（1）气敏传感器选用 MQ-2 型气敏元件，IC_1 选用 NE555 或 LM555 等时基集成电路，IC_2 选用 LH-169A 型语音集成电路，IC_3 选用升压功放模块 TWH68。

（2）V 用 9015 或 3CG21 型硅 PNP 小功率三极管，要求 $\beta > 100$。VD 用普通硅二极管 1N4148。

（3）R_{P1}、R_{P2} 用 WH7-A 型立式微调电位器。$R_1 \sim R_7$ 选用 RTX-1/8W 碳膜电阻器。

（4）C_1、C_2、C_4 用 CD11-10V 的电解电容器，C_3 选用 CC1 型瓷介电容器。

（5）B 用 8 Ω、0.25 W 小口径电动式扬声器。

3. 制作与调试

电源可用 6 V/0.5 A 的直流稳压电源供电。整个电路全部组装在体积合适的绝缘小盒（如塑料香皂盒）内。盒面板开孔固定气敏元件，并为扬声器 B 开出释音孔。调试时先将限流电位器 R_{P1} 旋至阻值最大处，然后通电，这样可防止大电流冲击损坏 MQK-2 的加热丝，微调 R_{P1} 使气敏元件加热的灯丝电压为 5 V，这时流过加热极电流为 130 mA 左右。注意，必须在 MQK-2 灯丝预热 10 min，气敏元件的电阻处于正常工作状态后，再调节 R_{P2} 使 C 点的电位略大于 2 V 即可。

任务 3　创客天地——Arduino 与二氧化碳气体传感器

1. 概述

Arduino 中的二氧化碳气体传感器模块如图 7-14 所示，该传感器是一款二氧化碳传感器模块，CO_2 浓度越高，输出的电压值就越小。该模块采用工业级的 MG-811 CO_2 探头，对 CO_2 极为敏感，同时还能排除酒精和 CO 的干扰。

图 7-14　CO_2 气体传感器模块

2. Arduino 与二氧化碳气体传感器的硬件连线图

按图 7-15 选择 Arduino 中的模块，完成模块间的硬件接线。

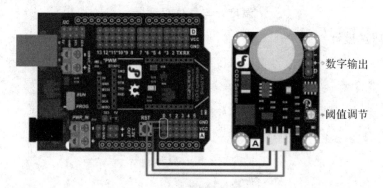

数字输出

阈值调节

图 7-15　Arduino 与二氧化碳传感器模块的硬件接线图

3. Arduino 程序下载与测试

在 Arduino 菜单栏工具中，选中 Arduino Leonardo 并选择正确的串口号，上传样例程序（扫描图 7-16 中二维码，可下载样例程序），下载完成后，通过说明书和样例代码，用户可以轻松地读取 CO_2 数值，还可以用板子上的电位器直接设置阈值，当 CO_2 浓度高达一定程度时，探头旁边的 3P 针头会输出一个信号（数字量）。

图 7-16　二维码

◇ **透视实体——木材烘干车间**

在新鲜木材中，由于含有大量的水分，在特定环境下水分会不断蒸发。然而，水分的自然蒸发会导致木材出现干缩、开裂、弯曲变形、霉变等缺陷，这会严重影响到木材制品的品质。因此，木材在制成各类木制品之前必须在木材烘干车间（图 7-17）进行强制干燥处理。对于木材干燥过程的控制，实际上是对介质条件的控制。与木材干燥密切相关的介质条件主要有温度、湿度和循环速度。其中，循环速度是由风机决定的，风机开动后就一直运转下去，一般不予控制。所以，实际需要也可能加以控制的只是介质的温、湿度。提高木材的使用价值，有时需要做高温处理。一般而言，常用 180～212℃ 的温度加热处理木材来改良木材的品质，降低木材的吸湿性和吸水性，从而提高尺寸的稳定性。而且，在干燥设备中的干燥罐内还设有温度传感器接口、压力传感器接口、湿度传感器接口。

（a）车间外

（b）传感器及其接口

（c）车间内

图 7-17　木材烘干车间

![知识拓展]

温度计与气体探测器

1. 干湿球湿度计

用干湿球湿度计测量相对湿度示意图如图7-18所示。玻璃温度计(湿球)用湿棉球包裹，并浸没在水槽里。湿棉球由于水分蒸发，所以其温度低于室温，致使湿球的示值低于干球。查对应的湿度表即可知道空气的相对湿度。虽然干湿球湿度计的历史悠久，但现在还经常用它作为电子相对湿度仪表的标定仪器。

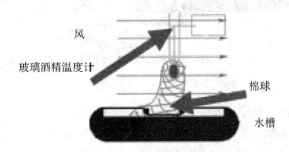

风
玻璃酒精温度计
棉球
水槽

图7-18　用干湿球湿度计测量相对湿度示意图

2. 可燃气体探测器

可燃气体探测器(图7-19(a))采用载体催化型MQ系列气敏传感器，作为检测探头。报警灵敏度从0.2%连续可调，当空气中可燃气体浓度达到0.2%时，报警器发出声光报警，提醒用户及时处理，同时可以通过继电器控制排风扇向外抽排有害气体。实验测量电路如图7-19(b)所示。

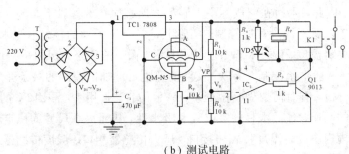

(a) 实物图　　　　　　　　　　　(b) 测试电路

图7-19　可燃气体探测器以及其测量电路

项目七小结

本项目任务一利用实物实验，投影、多媒体软件等媒体技术，介绍气敏、湿敏半导体传感器的结构、特点、用途、分类、规格及工作原理等。任务二采用模拟实验的形式制作气敏、湿敏传感器，并制作代表性产品——烟雾报警器，完成相关电路的设计与搭建，并使用气敏传感器进行检测，完成数据采集、处理。任务三利用 Arduino 中的传感器模块完成创新实验。在实际教学中，任务二和任务三可根据实际需要选择其中一项任务完成即可。

气敏传感器的主要概念如下：

（1）气敏传感器的工作原理：利用气体在半导体表面的氧化和还原反应，导致敏感元件阻值的变化。

（2）气敏传感器的组成：由敏感元件、加热器、外壳三部分组成，气敏电阻的材料是金属氧化物，合成时加敏感材料和催化剂烧结，按制造工艺分为烧结型、薄膜型、厚膜型。

（3）测量电路：测量电路是将元件电阻的变化转化成电压、电流的变化，气敏电阻式传感器的测量电路包括加热回路和测试回路两部分。

（4）湿度：指空气中所含有的水蒸气量。绝对湿度：单位空间所含水蒸汽的绝对含量或浓度，用符号 AH 表示，单位(g/m^3)。相对湿度：被测气体中蒸汽压和该气体在相同温度下饱合水蒸气压的百分比，一般用 %RH 表示，无量纲。

（5）露点：当空气中的温度下降到某一温度时，空气中的水汽有可能转化为液相而凝结成露珠，这一特定温度称为空气的露点或露点温度。

（6）湿敏传感器：由湿敏元件和转换电路等组成，是将环境湿度变换为电信号的装置。

（7）半导体陶瓷湿敏传感器工作原理：采用具有感湿功能的高分子聚合物（高分子膜）涂敷在带有导电电极的陶瓷衬底上，导电机理为水分子的存在影响高分子膜内部导电离子的迁移率，形成阻抗随相对湿度变化成对数变化的敏感部件。

思考与练习

1. 什么是半导体气体传感器？它有哪些基本类型？

2. 半导体气体传感器主要有哪些结构？各种结构气体传感器的特点如何？

3. 简述电阻型气敏传感器的工作原理。

4. 半导体气体传感器为什么要在高温状态下工作？加热方式有哪几种？加热丝可以起到什么作用？

5. 什么是绝对湿度？什么是相对湿度？

6. 湿度传感器主要分为哪几类？

7. 简述氯化锂湿度传感器的感湿原理。

8. 简述半导体湿敏陶瓷的感湿机理。

9. 半导体陶瓷有那些特点？多孔硅湿敏元件有哪些特点？

10. 试述离子选择电极的结构与测量原理。

项目八 温度测量系统的集成与标定设计

学习目标

1. 了解热电效应及热电偶结构。
2. 掌握常用热电偶的型号、特点及选用方法。
3. 了解金属热电阻、热敏电阻的分类、特点及应用。
4. 会正确使用热电偶传感器和热电阻传感器。
5. 会进行温度测量系统的集成与标定。

情景案例

温度是一个基本的物理量，自然界中的一切过程无不与温度密切相关。温度传感器也是开发最早、应用最广的一类传感器，温度传感器广泛应用于日常生活与工业生产的温度控制中，如大家熟知的饮水机、电饭煲、冰箱、空调、微波炉等都需要利用传感器进行温度测量进而实现温度控制；汽车水箱的温度控制，冶金厂、发电厂、化工厂、炼油厂等生产过程的温度控制都需要温度传感器提供控制依据。

如图8-1所示是我们常见的饮水机。水在加热到100℃时，饮水机内的电加热应自动停止加热，为实现此功能，饮水机中就需要装设一个合适的温度控制器，温度传感器实时地将温度这一物理量转换成电信号，提供给控制器（一般为比较放大器），以实现温度的自动控制。

本项目的任务是通过学习温度传感器的基本知识，了解温度传感器的一般测量方法，学会用温度传感器组成温度测量系统，完成简单的温度测量、控制任务。

图8-1 饮水机

任务1 学习热电阻传感器

活动一 认识热电阻

1. 金属铜导线的热特性

在室温下使用万用表测量一段细铜导线的电阻值，然后分别在加热和冷却后使用万用表测量其电阻值，通过电阻值的变化得出结论。

注意：可以用电烙铁加热细铜导线，也可以用冰水冷却铜导线，将加热后铜导线的温度和常温下铜导线的温度与冷却后铜导线的温度记录下来，可以得到金属导体的温度特征。

金属导体的电阻值随着温度的变化而变化，当导体温度上升时，由于内部电子热运动加剧，使导体的电阻值增加；反之，则电阻值减小。所以金属导体具有正的温度系数。热电阻测温就是利用金属导体的这种特性来实现的。

2. 常用的热电阻元件

大多数金属导体的电阻值会随温度的变化而变化，但是它们并不都能作为测温用热电阻。一般要求制作热电阻的材料具有较大的温度系数（即温度每变化单位制，电阻变化较大）和电阻率，物理化学性质稳定。目前应用最多的是铂热电阻（如图8-3）和铜热电阻（如图8-4）。

图8-2 铠装型热电阻

除了按材料区分热电阻以外，还可以按结构区分热电阻的类型，有普通型、铠装型、防爆型等不同的热电阻，铠装型热电阻如图8-2所示，铠装型热电阻比普通型热电阻细而长，具有能弯曲、抗冲击、便于安装、寿命长等特点。

1）铂热电阻

铂是一种贵金属，其特点是精度高，稳定性好，性能可靠，尤其是耐氧化性能很强。铂热电阻主要作为标准电阻温度计，广泛应用于温度基准、标准的传递，如图8-3所示。

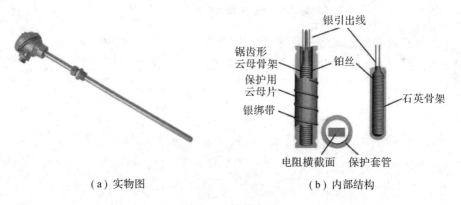

（a）实物图　　　　　　　　　　（b）内部结构

图8-3 铂热电阻

铂热阻值与温度的函数关系为：

在0～660℃范围内，

$$R_t = R_0(1 + A_t + B_t^2)$$

在-190～0℃范围内，

$$R_t = R_0[1 + A_t + B_{t^2} + C(t-100)t^3]$$

式中，常数 $A = 3.96847 \times 10^{-3}$ Ω/℃，$B = -5.847 \times 10^{-7}$ Ω/℃，$C = -4.22 \times 10^{-12}$ Ω/℃。

铂在较宽的温度范围内约1200℃以下都能保证上述特性。铂较容易提纯，复现性好，有良好的工艺性，可制成较细的铂丝（0.02 mm或更细）或极薄的铂箔。与其他材料相比，铂有较高的电阻率，因此普遍认为铂是一种较好的热电阻材料。缺点是铂电阻的电阻温度系数较小，价格较贵；优点是精度高、稳定性好、性能可靠，测温范围广。

工业用的铂电阻体，一般由直径 0.03～0.07 mm 的纯铂丝绕在平板形支架上，通常采用双线电阻丝，引出线用银导线。它能用作工业测温元件和作为温度标准，按国际温标 IPTS—68 规定，在 $-259.34～630.74℃$ 的温度范围内，以铂电阻温度计作基准器。

2）铜热电阻

铜热电阻常用于测量精度要求不高且温度较低的场合。铜热电阻的优点是铜容易提纯，在 $-50～+150℃$ 范围内铜电阻的物理、化学特性稳定，输入、输出关系接近线性，且价格低廉。铜电阻的缺点是电阻率较低，仅为铂电阻的 1/6 左右；电阻的体积较大，热惯性也较大，当温度高于 100℃ 时易氧化。因此，铜热电阻只能适于在低温和无侵蚀性的介质中工作。常用的工业用铜电阻的 R_0 值有 50 Ω、100 Ω 两种，其分度号分别用 Cu50、Cu100 表示。

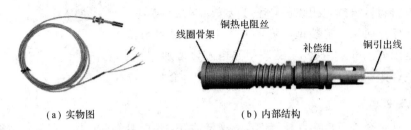

（a）实物图 　　　　　　　　（b）内部结构

图 8-4　铜热电阻

活动二　热电阻传感器的应用

热电阻传感器的测量线路一般使用电桥，如图 8-5 所示。电路中 R_T 为热电阻，当温度变化引起 R_T 变化时，电桥输出电压 U_{ab} 会发生变化。

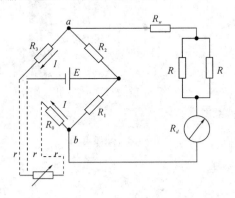

图 8-5　热电阻测温电路

设 $T_0℃$ 时，电桥平衡。则

$$R_1 R_3 = R_2 (R_0 + R_{T0})$$

且

$$R_1 = R_2, R_3 = R_{T0} + R_0$$

有

$$I_1 = I_2 = I$$

当为 $T°C$ 时，电桥输出电压

$$U_{ab} = R_3 I - (R_T + R_0) I$$
$$= R_3 I - (R_{T0} + \Delta R_T + R_0) I$$
$$= -\Delta R_T I$$

任务 2 热敏电阻测量温度

热敏电阻器是敏感元件的一类，如图 8-6 所示。热敏电阻器的典型特点是对温度敏感，不同的温度下表现出不同的电阻值。

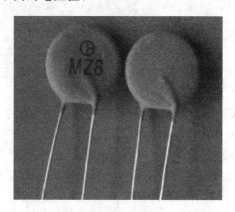

图 8-6 热敏电阻

活动一 认识热敏电阻器

1. 了解热敏电阻的温度特性

通过下面简单实验，可以了解热敏电阻的基本特点。

1）准备器材

电子实训基本工具（尖嘴钳、螺丝刀），万用表，电烙铁，温度计，热敏电阻。

2）实验方法

万用表拨至 R×1 kΩ（或 R×100 Ω）挡，调节好机械零点和欧姆零点。在室温下测量热敏电阻的阻值，并做记录。万用表拨至 R×1 kΩ（或 R×100 Ω）挡，电烙铁靠近热敏电阻（距离器件 2~4 mm）进行加热，用温度计测量温度。每隔 3 分钟记录当前温度值，并测量热敏电阻的阻值，并做记录。温度升高时，如果阻值增大，则该热敏电阻器是正温度系数的热敏电阻；如果阻值降低，则是负温度系数的热敏电阻器。

在给热敏电阻加热时，宜用 20 W 左右的小功率电烙铁，烙铁头距离器件 2~4 mm。最好不要长时间将烙铁头放在热敏电阻上，以免损坏热敏电阻。

2. 认识各种类型的热敏电阻

根据热敏电阻的电阻值与温度特性不同，热敏电阻可分为正温度系数（PTC）热敏电

阻、负温度系数(NTC)热敏电阻和临界温度系数热敏电阻(CTR)三类。热敏电阻的电阻值
与温度的关系可以用电阻温度特性曲线来表示，如图8-7所示。

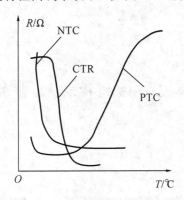

图8-7 热敏电阻的电阻温度特性曲线

(1)正温度系数(PTC)热敏电阻，电阻值随温度升高而增大的热敏电阻，称为正温度
系数热敏电阻。它的主要材料是掺杂的$BaTiO_3$半导体陶瓷，电流通过元件后会引起温度升
高，即发热体的温度上升，当超过居里点温度后电阻会增加。

(2)负温度系数(NTC)热敏电阻，电阻值随温度升高而减小的热敏电阻，称为负温度
系数热敏电阻。它的主要材料是Mn、Co、Ni、Fe等金属氧化物半导体。电流通过元件后随
温度上升电阻呈指数关系减小。

(3)临界温度系数热敏电阻(CTR)，该类电阻的电阻值在某特定温度范围内随温度升
高而降低3~4个数量级，即具有很大的温度系数。其主要材料是VO_2，并添加一些金属氧
化物。

3. 热敏电阻的伏安特性

PTC热敏电阻的伏安特性大致可分为三个区域，如图8-8所示。在$0~V_k$之间的区域
称为线性区。此间的电压和电流的关系基本符合欧姆定律，不产生明显的非线性变化，也
称不动作区。在V_k-V_{max}之间的区域称为跃变区，此时由于PTC热敏电阻的自热升温，电
阻值产生跃变，电流随着电压的上升而下降，所以此区也称动作区。在V_D以上的区域称为
击穿区，此时电流随着电压的上升而上升，PTC热敏电阻的阻值呈指数性下降，于是电压
越高，电流越大，PTC热敏电阻的温度越高，阻值越低，很快导致PTC热敏电阻被热击
穿。伏安特性是过载保护PTC热敏电阻的重要参考特性。

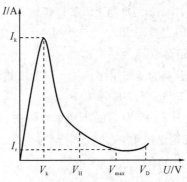

图8-8 热敏电阻的伏安特性曲线

1. 热敏电阻连接方法

如图 8 - 9 所示是三线法热敏电阻连接电路，由于热敏电阻的阻值较小，所以导线电阻值不可忽视（尤其是导线较长时），故在实际使用时，金属热电阻的连接方法不同，其测量精度也不同，最常用的测量电路是电桥电路，可采用三线或四线电桥连接法。图中，R_t 为热敏电阻，r 为引线电阻；R_1、R_2 为固定电阻；R_3 为调零精密可变电阻。调整 $R_{t0} = R_3$（R_{t0}：热电阻在 0℃时的电阻值），在 0℃ 时，$(R_3 + r) \times R_1 = (R_{t0} + r) \times R_2$ 电桥平衡。测量时，R_t 阻值变化，从电流表中即可有电流流过。

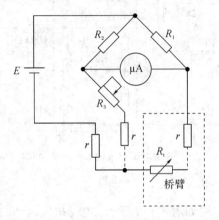

图 8 - 9　三线法热敏电阻连接电路

2. NTC 热敏电阻实现单点温度控制

如图 8 - 10 所示是 NTC 热敏电阻实现单点温度控制电路，R_T 为 NTC 热敏电阻，R_T 与 R_P 等电阻构成直流电桥电路，调整 b 点电位，即预设温度 T_b，初始时继电器不通电，常闭触点 K 闭合，加热器通电加热。当温度升高导致比较器反相输入端电位升高时，继电器通电，常闭触点断开。

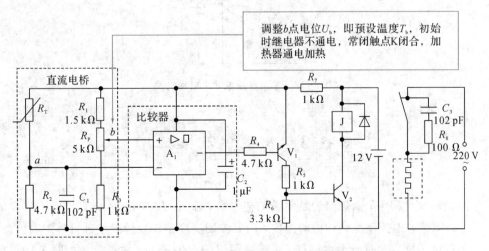

图 8 - 10　热敏电阻实现单点温度控制电路

3. PTC 热敏电阻组成的 0～100℃的测温电路

如图 8-11 所示是 PTC 热敏电阻组成的 0～100℃的测温电路，稳压管 D_{Z1} 提供稳定电压，由 R_3、R_4、R_5 分压，调节 R_5 使电压跟随器 A_1 输出 2.5 V 的稳定电桥工作电压，并使热敏电阻工作电流小于 1 mA，避免发热影响测量精度。PTC 热敏电阻 R_T 为 25℃时，阻值为 1 kΩ，R_8 也选择 1 kΩ，室温（25℃）时电桥平衡，温度偏离室温时，电桥失衡，输出电压接差放 A_2 放到后输出。

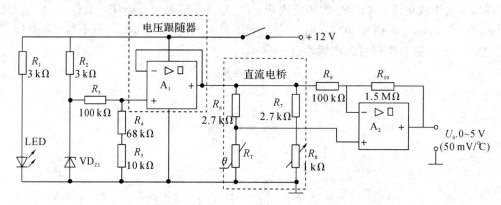

图 8-11　热敏电阻组成的 0～100℃的测温电路

4. 单相异步电动机启动

单相异步电动机启动电路如图 8-12 所示。电动机刚启动时，PTC 热敏电阻尚未发热，阻值较小，起动绕组处于通路状态，对启动电流几乎没有影响；启动后，热敏电阻自身发热，温度迅速上升，阻值增大；当阻值远大于启动线圈 L_2 阻抗时，可认为切断了启动线圈，只有工作线圈 L_1 正常工作。此时电动机已启动完毕，进入单相运行状态。

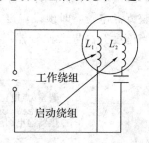

图 8-12　单相异步电动机启动电路

任务 3　热电偶及其应用

在冶金炼铁过程中，锅炉温度是关键工艺参数，温度控制的好坏将直接影响产品的质量，因此必须很好地控制加热炉内的温度，而要控制温度首先要精确地进行锅炉温度测量。选择一种温度传感器来进行温度测量，一般来说锅炉温度较高，根据温度测量范围可以选择热电偶温度传感器。热电偶温度传感器广泛应用于测量和控制温度，其优点是精确可靠，结构简单和使用方便，一般用于测量 600℃ 以上的高温，长期使用时其测温上限可达 1300℃，短期使用时可达 1600℃，特殊材料制成的热电偶可测量的温度范围为 2000～3000℃。如图 8-13 所示为常见的热电偶。

图 8-13　常见热电偶

活动一　认识热电偶

热电偶是由两种不同材料的金属导体丝或半导体组成的。将两根金属丝的一端焊接在一起，作为热电偶的测量端，另一端与测量仪表相连，通过测量热电偶的输出电势，即可推算出所测温度值。其测量原理如图 8-14 所示。当 A 和 B 相接的两个接点温度 T 和 T_0 不同时，则在回路中会产生一个电势，这种现象叫做热电效应。由此效应所产生的电势，通常称为热电势，用符号 $e_{AB}(T)$ 表示，如图 8-15 所示。图中的闭合回路称为热电偶，导体 A 和 B 称为热电偶的热电极。热电偶的两个接点中，置于被测介质（温度为 T）中的接点称为工作端或热端，温度为参考温度 T_0 的一端称为参考端或冷端。理论和实践都证实，热电现象中产生的热电势是由接触电势和温差电势两种电势的综合效果。

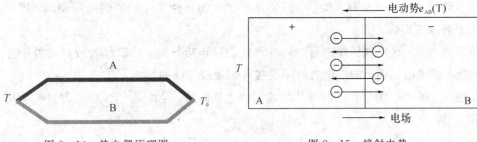

图 8-14　热电偶原理图　　　　　　　图 8-15　接触电势

（1）接触电势：是指两热电极由于材料不同而具有不同的自由电子密度，而热电极接点接触面处就产生自由电子的扩散现象，当达到动态平衡时，在热电极接点处便产生一个稳定电势差。

接触电势用 $e_{AB}(T)$ 表示，其数值可用下式表示

$$e_{AB}(T) = \frac{KT}{e} \ln \frac{N_A(T)}{N_B(T)} \qquad (8-1)$$

式中，e 为单位电荷，1.602×10^{-19}；K 为波尔兹曼常数，$K = 1.38 \times 10^{-23}$；

NA(T)、NB(T) 为材料 A、B 在温度为 T 时的自由电子密度；T 为 A、B 接触点的温度，K。

从理论上可以证明，该接触电势的大小和方向主要取决于两种材料的性质（电子密度）和接触面温度的高低。温度越高，接触电势越大；两种导体电子密度比值越大，接触电势也越大。

（2）温差电势：在一根均匀导体中，若两端温度不同，则自由电子将按温差在导体中形成密度剃度，金属 A 两端的温度分别为 t 和 t_1，当 $t > t_1$ 时，自由电子将从 t 端向 t_1 端扩散，使 t 端失去电子带正电，t_1 端得到电子带负电，于是在金属两端之间形成电位差。电位差所建立的静电场吸引电子从温度低的一端流向温度高的一端。在一定条件下，达到动态平衡，这时的电位差称为温差电势，又称为汤姆逊电势。温差电势的大小与导体的种类和其两端的温差大小有关。

活动二　热电偶回路的性质

1. 均质导体定律

由一种均质导体组成的闭合回路，不论其导体是否存在温度梯度，回路中均没有电流（即不产生电动势）；反之，如果有电流流动，此材料则一定是非均质的，即热电偶必须采用两种不同材料作为电极。

热电偶必须采用两种不用材料的导体组成，热电偶的热电势仅与两接点的温度有关，而与沿热电极的温度分布无关。如果热电偶的热电极是非匀质导体，则在不均匀温度场中测温时将会造成测量误差。所以热电极材料的均匀性是衡量热电偶质量的重要技术指标之一。

2. 中间导体定律

一个由几种不同导体材料连接成的闭合回路，只要它们彼此连接的接点温度相同，则此回路各接点产生的热电势的代数和为零。

热电偶回路中接入多种导体后，只要保证接入的每种导体的两端温度相同，则对热电偶的热电势没有影响。

该定律表明，热电偶回路中可接入各种仪表或连接导线。只要仪表或导线处于稳定的环境温度，原热电偶回路的热电势将不受接入仪表或导线的影响。

如图 8-16 所示为三种不同导体组成的热电偶回路，是由 A、B、C 三种材料组成的闭合回路，则：

$$E_{总} = E_{AB}(T) + E_{BC}(T) + E_{CA}(T) = 0 \tag{8-2}$$

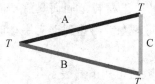

图 8-16　三种不同导体组成的热电偶回路

3. 中间温度定律

如果热电偶 A、B 两结点的温度分别为 T 和 T_0，则所产生的热电势等于热电偶 A、B 两结点温度为 T 和 T_n 与热电偶 A、B 结点温度为 T_n 和 T_0 时所产生的热电势的代数和，用公式表示为

$$E_{AB}(T, T_0) = E_{AB}(T, T_n) + E_{AB}(T_n, T_0) \tag{8-3}$$

活动三　热电偶的材料和分类

在温度测量中，热电偶的应用极为广泛，它具有结构简单、制造方便、测量范围广、精度高、热惯性小和输出信号便于远传等优点。由于热电偶是一种有源传感器，测量时不需要外加电源，因此常被用作测量炉子、管道内的气体或液体的温度及固定的表面温度。由于热电偶温度传感器的灵敏度与材料的粗细无关，所以用非常细的材料也能够做成温度传感器。热电偶也有缺陷，那就是灵敏度比较低，容易受到环境干扰信号的影响，也容易受到前置放大器温度漂逸的影响，因此不适合测量微小的温度变化。常用热电偶温度传感器材料有铂铑—铂热电偶（S 型）、镍铬—镍硅（镍铝）热电偶（K 型）、镍铬—考铜热电偶（E 型）、铂铑 30—铂铑 6 热电偶（B 型）。

热电偶温度传感器的结构与电阻温度传感器类似，可以直接使用，也可以外加金属防护层。在工业测量过程中，为了防腐蚀，抗冲击，延长使用寿命，便于安装、接线，常采用以下结构形式。

1. 普通型热电偶

普通型结构的热电偶在工业中使用最多，主要用于测量气体、蒸汽和液体等介质的温度，可根据测量条件和测量范围来选用。为了防止有害介质对热电极的侵蚀，工业用的热电偶一般都有保护套。普通型热电偶结构见图 8-17。

绝缘套管用来防止电极短路，其材料要根据使用的温度范围和绝缘要求来确定，常用材料是氧化铝和耐火陶瓷。不锈钢套管是为了将电极与被测对象隔离开，以防止受到化学腐蚀或机械损伤。对保护套管的要求是热传导性好、热容量小、耐腐蚀，并且具有一定的机械强度。

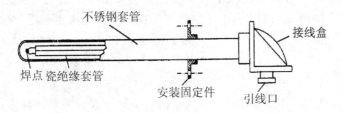

图 8-17　普通热电偶结构

2. 铠装热电偶

铠装热电偶的结构示意图如图 8-18 所示，它是将热电极、绝缘材料和金属保护管组合在一起，经拉伸加工成为一个坚实的组合体。它具有很大的可挠性，其最小弯曲半径通常是热电偶直径的 5 倍。此外它还具有测温端热容量较小、动态响应较快、强度高、寿命长及适应性强等优点，适用于结构复杂部位的温度测量，因此在工业中得到了广泛的应用。

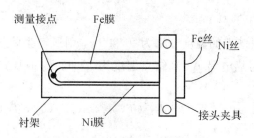

图 8-18　铠装热电偶结构示意图

3. 薄膜热电偶

薄膜热电偶是一种先进的测量瞬变温度的传感器。如图 8-19 所示薄膜热电偶，它是将两种薄膜热电极材料通过真空蒸镀、化学涂层等方法蒸镀到绝缘基板上面制成的一种特殊热电偶。它的测温原理与普通丝式热电偶相似，由于薄膜热电偶的热接点多为微米级的薄膜（电极为厚度 0.01～0.1 mm），与普通热电偶比较，它具有热容量小、响应迅速等特点，所以能够准确地测量瞬态温度的变化。

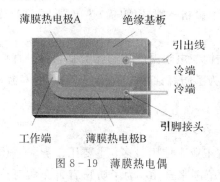

图 8-19　薄膜热电偶

活动四　热电偶的冷端处理及补偿

由热电偶测温原理可知，热电偶热电势的大小不仅与工作端的温度有关，而且与冷端温度有关，是工作端和冷端温度的函数差。只有当热电偶的冷端温度保持不变，热电势才是被测温度的单值函数。工程技术上使用的热电偶分度表中的热电势值是根据冷端温度为 0℃ 而制作的，但在实际使用时，由于热电偶的工作端与冷端离得很近，冷端又暴露于空气中，容易受到环境温度的影响，因而冷端温度很难保持恒定。热电偶热电势的大小是热端温度和冷端温度的函数差，为保证输出热电势是被测温度的单值函数，必须使冷端温度保持恒定；热电偶分度表给出的热电势是以冷端温度 0℃ 为依据，否则会产生误差。

常见的处理方法有：冰点槽法，计算修正法，补正系数法零点迁移法，冷端补偿器法，软件处理法。下面以冰点槽法为例进行讲解。

为了测温准确，可以把热电偶的冷端置于冰水混合物的容器里，保证使冷端温度为 0℃。这种办法测量最为直接，但是在现场测量时，要保证冷端温度保持在 0℃ 不变十分困难，所以该方法常用于在实验室中进行的测量。

如图 8-20 冰点槽法所示，把热电偶的参比端置于冰水混合物容器里，使 $T_0 = 0℃$。这种办法仅限于在科学实验中使用。为了避免冰水导电引起两个连接点短路，必须把连接点分别置于两个玻璃试管里，浸入同一冰点槽，使之相互绝缘。

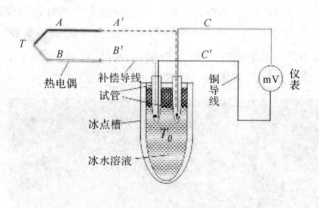

图 8-20 冰点槽法

活动五 热电偶的的选择、安装使用

热电偶的选用应该根据被测介质的温度、压力、介质性质、测温时间长短来选择热电偶和保护套管。其安装地点要有代表性，安装方法要正确，图 8-21 是安装在管道上常用的两种方法。

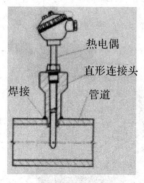

（a）垂直管道安装形式

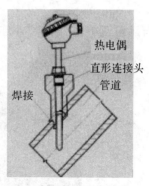

（b）倾斜管道安装形式

图 8-21 热电偶的安装

在工业生产中，热电偶常与毫伏计联用（XCZ 型动圈式仪表），或与电子电位差计联用，后者精度较高，且能自动记录。另外，也可通过与温度变送器经放大后再接指示仪表，或作为控制用的信号。

校验的方法是用标准热电偶与被校验热电偶装在同一校验炉中进行对比，误差超过规定允许值为不合格。

任务 4 创客天地——Arduino 与温湿度传感器

1. 概述

Arduino 中的温湿度传感器模块如图 8-22 所示。DHT22 数字温湿度传感器包括一个电容式感湿元件和一个 NTC 测温元件，并与一个高性能 8 位单片机相连接，是一款含有已校准数字信号输出的温湿度复合传感器，它应用专用的数字模块采集技术和温湿度传感技术，确保产品具有极高的可靠性与卓越的长期稳定性。因此该产品具有品质卓越、超快响应、抗干扰能力强、性价比极高等优点。

图 8-22　温湿度传感器模块

2. Arduino 与温湿度传感器的硬件连线图

按图 8-23 选择 Arduino 中的模块，完成模块间的硬件接线。

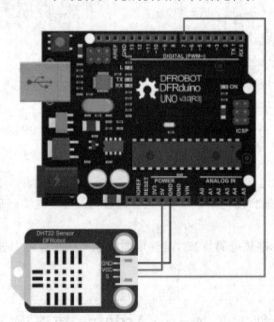

图 8-23　Arduino 与温湿度传感器模块的硬件接线

3. Arduino 程序下载与测试

在 Arduino 菜单栏工具中，选中 Arduino Leonardo 并选择正确的串口号，上传样例程序(扫描图 8-24 中二维码，可下载样例程序)，下载完成后，可以测量温度和湿度。

图 8-24　温湿度传感器程序二维码

知识拓展

温度与与温标

温度是表征物体冷热程度的物理量，它体现了物体内部分子运动状态的特征。

温度：标志着物质内部大量分子无规则运动的剧烈程度。温度越高，表示物体内部分子热运动越剧烈。在一个密闭的空间里，气体分子在高温时的运动速度比低温时快。

温度的数值表示方法称为温标，它规定了温度读数的起点（即零点）以及温度的单位。各类温度计的刻度均由温标确定。

国际上规定的温标有摄氏温标、华氏温标、热力学温标等。常用温标对比如图 8-25 所示。

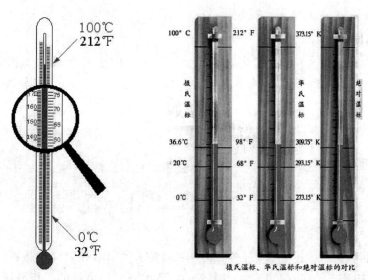

图 8-25　常用温标对比

1. 热力学温标

热力学温标：为建立在热力学第二定律基础上的温标，亦称开氏温标。开氏温标是由开尔文（Kelvin）提出来，符号为 T，单位为开尔文（K）。

开尔文是北爱尔兰出生的英国数学物理学家、工程师，也是热力学温标（绝对温标）的发明人，被称为热力学之父，如图 8-26 所示。他因为在横跨大西洋的电报工程中所作出的贡献而得到了维多利亚女王授予的爵位,威廉·汤姆森男爵。为表彰和纪念他对热力学所作出的贡献,热力学温标的单位为开尔文。

图 8-26　英国数学物理学家开尔文

2. 摄氏温标

摄氏温标是工程上最通用的温度标尺。摄氏温标是在标准大气压(即 101325Pa)下将水的冰点与沸点中间划分一百个等份,每一等份称为摄氏一度(摄氏度,℃),一般用小写字母 t 表示。摄氏温标与热力学温标单位开尔文并用。

摄氏温标与国际实用温标温度之间的关系如下:

$$t = T - 273.15 \ ℃ \qquad T = t + 273.15 \ K \tag{8-4}$$

3. 华氏温标

华氏温标目前用得较少,它规定在标准大气压下冰的融点为 32 华氏度,水的沸点为 212 华氏度,中间等分为 180 份,每一等份称为华氏一度,符号用℉,它和摄氏温度的关系如下:

$$m = 1.8n + 32 \ ℉ \quad n = \frac{5}{9}(m - 32)℃ \tag{8-5}$$

项目八小结

通过本项目任务一、任务二、任务三的学习,要求大家掌握温度传感器(热电阻、热敏电阻、热电偶)的基本结构、工作类型及其特点,熟悉其转换电路的工作原理。任务四利用 Arduino 中的传感器模块完成创新实验。

温度测量的相关概念如下:

(1)温度是不能直接测量的。只能通过物体随温度变化的某些特性(如体积、长度、电阻等)来间接测量。

(2)将温度变化转换为电阻变化的元件主要有热电阻和热敏电阻;将温度变化转换为电势的传感器主要有热电偶和 PN 结式传感器。

（3）按测温方法的不同，热电式传感器分为接触式和非接触式两种。接触式测温是基于热平衡原理，即测温敏感元件必须与被测介质接触，是两者处于平衡状态，具有同一温度。如水银温度计、热敏电阻、热电偶等。

（4）非接触式测温是利用热辐射原理，测温的敏感元件不与被测介质接触，利用物体的热辐射随温度变化的原理测定物体温度，故又称辐射测温。如辐射温度计，红外测温仪等。

（5）导体或半导体的电阻率与温度有关，利用此特性制成热电阻温度感温件，它与测量电阻阻值的仪表配套组成热电阻温度计。

（6）金属热电阻（热电阻）温度升高，电阻值增加，我们称其为正温度系数，即电阻值与温度的变化趋势相同。大多数金属热电阻随其温度升高而增加，当温度升高1℃时，其阻值约增加 0.4%～0.6%，称具有正的电阻温度系数。

（7）大多数半导体热敏电阻的阻值随温度升高而减小，称具有负的电阻温度系数。热敏电阻是一种半导体材料制成的敏感元件，制造热敏电阻的材料较多，如锰、铜、镍、钴和钛等。

（8）热电偶回路热电势只与组成热电偶的材料及两端温度有关，与热电偶的长度、粗细无关。只有用不同性质的导体（或半导体）才能组合成热电偶，相同材料不会产生热电势。只有当热电偶两端温度不同，热电偶的两导体材料不同时才能有热电势产生。导体材料确定后，热电势的大小只与热电偶两端的温度有关。

思考与练习

1. 常用的金属热电阻器有哪些？其主要特点是什么？
2. 在热电阻器测量电路中，为什么要采用三线制或四线制？
3. 热电偶的工作原理是什么？
4. 当热电偶冷端需要延长时，应采取什么办法？在实施时应注意什么？
5. 试比较热电偶、热电阻、热敏电阻的异同。

项目九　图像传感器与检测技术

学习目标

1. 掌握图像检测的基本概念和分类。
2. 了解各种固态图像传感器的结构和使用场合。
3. 了解图像传感器的选用方法。
4. 掌握光纤图像传感器的基本原理。
5. 知道光纤图像传感器的适用场所及使用方法。
6. 了解红外图像传感器的分类和基本原理。

情景案例

数码相机(图9-1)以其高质量的拍摄效果和方便的图像处理将人们带入电子相册时代。数码相机的工作原理可以描述为：外界景物发射或反射的光线通过镜头传播到相机内部的图像传感器上，使用者按动快门，取景器电路锁定信号，彩色图像传感器于是将感应到的光线强弱转换为连续的电信号输出，变换成数字信号后存储到存储卡上。在这个过程中，作为感受器的图像传感器起到至关重要的作用。因此，选择何种功能、何种型号的传感器是我们需要认真研究的，下面我们将在介绍图像检测基本概念的基础上，对数码产品中使用的图像传感器作详细阐述。

图9-1　数码相机

任务1　固态图像传感器

活动一　认识固态图像传感器

固态图像传感器是数码相机、数码摄像机、扫描仪的关键零件，它在工业测控、字符阅读、图像识别、医疗仪器等方面得到广泛应用。

固态图像传感器要求具有两个基本功能：一是具有把光信号转换为电信号的功能；二是具有将平面图像上的像素进行点阵取样，并将其按时间取出的扫描功能。固态图像传感器目前主要分为三类，即电荷耦合式图像传感器（CCD）、CMOS 图像传感器和接触式影像传感器（CIS）等，前两种类型占据市场主流，下面简单介绍一下 CCD。

1. CCD 图像传感器

CCD 图像传感器于 1969 年在贝尔试验室研制成功，其发展历程已经将近 50 年，从初期的十多万像素已经发展至目前主流应用的两千多万像素，它以其成熟稳定的技术、清晰的图像，在高端数码产品中具有优势。CCD 又可分为线阵（Linear）与面阵（Area）两种，其中线阵应用于影像扫瞄器及传真机上，而面阵主要应用于工业相机、数码相机（DSC）、摄录影机、监视摄影机等多项影像输入产品上。

CCD 图像传感器作为一种新型光电转换器现已被广泛应用于摄像、图像采集、扫描仪以及工业测量等领域。作为摄像器件，与摄像管相比，CCD 图像传感器有体积小、重量轻、分辨率高、灵敏度高、动态范围宽、光敏元的几何精度高、光谱响应范围宽、工作电压低、功耗小、寿命长、抗震性和抗冲击性好、不受电磁场干扰和可靠性高等一系列优点。

2. CCD 基本结构和工作原理

CCD 器件内是在硅片上制作成百上千的 MOS 元，如图 9-2 所示，每个金属电极加电压，就形成成百上千个势阱；如果照射在这些光敏元上将是一幅明暗起伏的图像，那么这些光敏元就感生出一幅与光照度响应的光生电荷图像。这就是电荷耦合器件的光电物理效应基本原理。

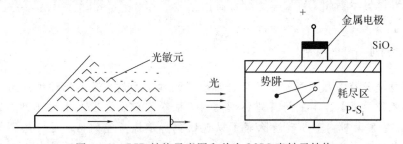

图 9-2　CCD 结构示意图和单个 MOS 光敏元结构

活动二　CCD 传感器的应用

CCD 传感器应用时是将不同光源与透镜、镜头、光导纤维、滤光镜及反射镜等各种光学元件结合，主要用来装配轻型摄像机、摄像头、工业监视器。

CCD 应用技术是光、机、电和计算机相结合的高新技术，作为一种非常有效的非接触检测方法，CCD 被广泛用于在线检测尺寸、位移、速度、定位和自动调焦等方面。

CCD 诞生后，首先在工业检测中用作为测量长度的光电传感器，物体通过物镜在 CCD 光敏元上造成的影像被 CCD 转换成输出脉冲，利用这些脉冲可以测量工件的尺寸或缺陷。CCD 还用于传真技术，文字、图象识别，例如，用 CCD 识别集成电路焊点图案，代替光点穿孔机的作用；用于自动流水线装置，机床、自动售货机、自动监视装置、指纹机。另外，CCD 固态图像传感器作为摄像机或像敏器件，取代了摄像装置的光学扫描系统（电子束扫描），与其他摄像器件相比，尺寸小、价廉、工作电压低、功耗小，且不需要高压。

此处以玻璃管直径与壁厚的测量为例加以说明。

如图 9-3 所示，在荧光灯玻璃管的生产过程中，需要不断测量玻璃管的外圆直径及壁厚，并根据监测结果对生产过程进行调整，以便提高产品质量。玻璃管的平均外径为 $\phi12$ mm，壁厚为 1.2 mm，要求测量精度为外径±0.1 mm，壁厚±0.05 mm。利用 CCD 配合适当的光学系统，对玻璃管相关尺寸进行实时监测，用平行光照射玻璃管，成像物镜将尺寸影像投影在 CCD 光敏像元阵列面上。

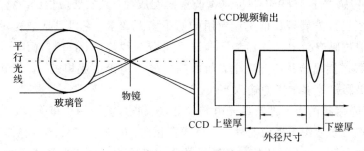

图 9-3 玻璃管 CCD 视频信号

由于玻璃管透射率分布的不同，玻璃管成像的两条暗带最外边界距离为玻璃管外径大小，中间亮带反映了玻璃管内径的大小，而暗带则是玻璃管的壁厚像。

任务 2 光纤图像传感器

情景案例

目前在竞争日益激烈的汽车维修店经常会遇到如下问题：汽车经过免拆清洗后很难直观显现出其性能改善。当车主问及此类问题时，维修工只能说出汽车更省油、加速性能加强、尾气合格、发动机内部积碳清除等可以说明免拆清洗功能的话。至于能不能达到预期效果，还要靠司机一段时间的驾驶或凭主观感觉来判断。不能直观地看出汽车何处性能得到加强是令维修工倍感头疼的问题。

如图 9-4 所示的工业内窥镜可以成为解决该问题的关键。使用工业内窥镜，穿过火花塞孔或喷油嘴，可以直接观察到气缸内部的各种故障，如积碳、异物等，同时还可用于水箱、油箱、齿轮箱的检测和判断，大大提高工作效率。

图 9-4 工业内窥镜

活动一　认识光纤传感器

光纤是 20 世纪 70 年代的重要发明之一，它与激光器、半导体探测器一起构成了新的光学技术，创造了光电子学的新天地。光纤的出现导致光纤通信技术的产生，为人类 21 世纪的通信基础设施——信息高速公路奠定了基础，也为多媒体通信提供了实现的必需条件。由于光纤具有许多新的特性，所以不仅在通信方面，而且在传感器等方面也获得了应用，常见的光纤传感器如图 9-5 所示。

图 9-5　光纤传感器

光纤传感器的优点如下：具有很高的灵敏度；频带宽、动态范围大；可根据实际需要做成各种形状；可以用很相近的技术基础构成传感不同物理量的传感器，这些物理量包括声场、磁场、压力、温度、加速度、转动（陀螺）、位移、液位、流量、电流、辐射等。

1. 光纤及其传光原理

1）光纤的结构

光纤通常由纤芯、包层及保护套组成。纤芯是由玻璃、石英或塑料等材料制成的圆柱体，直径约为 $5\sim150\ \mu m$。包层的材料也是玻璃或塑料等，但纤芯的折射率 n_1 稍大于包层的折射率 n_2。护套起保护光纤的作用。较长的光纤又称为光缆，如图 9-6 所示，中心圆柱体称为纤芯，由某种玻璃或塑料制成。纤芯外围的圆筒形外壳称为包层，通常也是由玻璃或塑料制成。包层外面有涂敷层，之外是一层塑料保护外套。光纤的导光能力取决于纤芯和包层的性质，机械强度取决于塑料保护外套。纤芯的折射率比包层的折射率稍大，当满足一定条件时，光就被"束缚"在光纤里面传播。

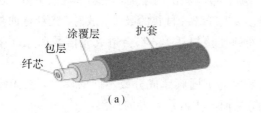
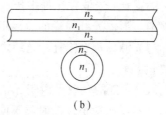

图 9-6　光纤结构图

2）光纤的传光原理

光在光纤中传播的基本原理可用光线或光波的概念来描述。光线的概念是一个简便、近似方法，可用来导出一些重要概念，如全反射的概念、光线截留的概念等。然而，要进一步研究光的传播，将光看作光线就不够了，必须借助波动理论，即需要考虑到光是电磁波动现象以及光纤是圆柱形介质波导等，才能研究光在圆柱形波导中允许存在的传播模式，并导出经常要提到的波导参数（V 值）等概念。

以阶跃型多模光纤为例，在子午面内光线从空气（折射率 n_0）射入光纤端面，与轴线的夹角为 q_0，若入射角小于某一值 q_C，光线在纤芯和包层的界面上将发生全反射，光线射不出纤芯，从而能够从光纤的一端传播到另一端，这是光纤传光的基本原理（见图 9−7）。

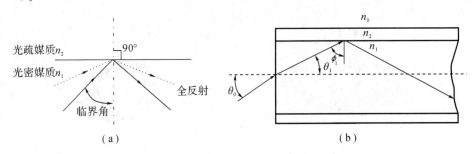

图 9−7　光纤的传光原理

3）光纤的主要参数

（1）数值孔径：光从空气入射到光纤输入端面时，处在某一角锥内的光线一旦进入光纤，就将被截留在纤芯中，此光锥半角（qC）的正弦称为数值孔径。

数值孔径 NA 是光纤的一个基本参数，反映了光纤与光源或探测器等元件耦合时的耦合效率，只有入射光处于 2qC 的光锥内，光纤才能导光。一般希望有较大的数值孔径，这有利于耦合效率的提高，但数值孔径过大，会造成光信号畸变。

（2）光纤的传输模式：根据电介质中电磁场的麦克斯韦方程组，考虑到光纤圆柱形波导和纤芯—包层界面处的几何边界条件时，则只存在波动方程的特定（离散）解。允许存在的不同的解代表许多离散的沿波导轴传播的波。每一个允许传播的波称为一个模。

光纤传输的光波，可分解为沿轴向和沿横截面传输的两种平面波。因为沿横截面传输的平面波是在纤芯和包层的界面处全反射的，所以，当每一次往返相位变化是 $2p$ 的整数倍时，将在截面内形成驻波。能形成驻波的光线称为"模"，模是离散存在的，某种光纤只能传输特定模数的光。

（3）传输损耗：光波在光纤中传输，随着传输距离的增加，光功率逐渐下降，这就是光纤的传输损耗。形成光纤损耗的原因很多，光纤纤芯材料的吸收、散射，光纤弯曲处的辐射损耗，光纤与光源的耦合损耗，光纤之间的连接损耗等，都会造成光信号在光纤中的传播有一定程度的损耗。

（4）色散：光纤的色散是由于光信号中的不同频率成分或不同的模式，在光纤中传输时，由于速度不同而使得传播时间不同，从而产生波形畸变的现象。

当输入光束是光脉冲时，随着光的传输，光脉冲的宽度可被展宽，如果光脉冲变得太宽以致发生重叠或完全吻合，施加在光束上的信息就会丧失。这种光纤中产生的脉冲展宽现象称为色散。

活动二　光纤传感器的应用

1. 光纤温度传感器

光纤测温技术是一种新技术，光纤温度传感器是工业中应用最多的光纤传感器之一。按调制原理分为相干型和非相干型两类。在相干型中有偏振干涉、相位干涉以及分布式温度传感器等；在非相干型中有辐射温度计、半导体吸收式温度计、荧光温度计等。

2. 光纤位移传感器

1）反射强度调制型位移传感器

反射强度调制型位移传感器（如图9-8）通过改变反射面与光纤端面之间的距离来调制反射光的强度。光纤束由几百根至几千根直径为几十毫米的阶跃型多模光纤集束而成。它被分成纤维数目大致相等、长度相同的两束。

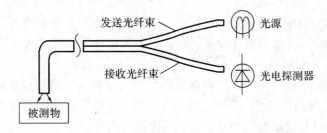

图9-8　反射强度调制型位移传感器原理

发送光纤束和接收光纤束在汇集处端面的分布有多种，如随机分布、对半分布、同轴分布（分为接收光纤在外层和接收光纤在内层两类）。

光纤位移传感器一般用来测量小位移，最小能检测零点几毫米的位移量。这种传感器已在镀层不平度、零件椭圆度、锥度、偏斜度等测量中得到应用，它还可用来测量微弱振动，而且是非接触测量。

2）干涉型光纤位移传感器

干涉型光纤位移传感器和反射光强调制型位移传感器相比，测量范围大，测量精度高。

物光和参考光干涉在全息干板上形成干涉条纹。当四面体棱镜移动时，由于光程差变化而使干涉条纹移动，从干涉条纹的移动量可以确定位移的大小。两个光探测器用来确定移动的方向。

任务 3　红外图像传感器

某医院门诊大厅有一台能在一秒钟内同时监控60人体温的红外线热像仪，该设备能在5~10 m距离内实现非接触测温，以预防病人交叉感染。该设备的成像元件——红外图像传感器（红外探测器）是设备正常工作的关键部件。那么，这种传感器的原理是怎样的？如何正确选择和使用它？本任务中将对此进行探讨。

活动一　认识红外图像传感器

自然界中，任何高于绝对温度的物体都将产生红外光谱。不同温度的物体，其释放的红外能量的波长是不一样的，因此红外辐射与温度的高低相关。红外辐射俗称红外线，是波长范围大致在 $0.76\sim1000\ \mu m$ 的不可见光。红外线检测到方法很多，有热电偶检测、光导纤维检测、量子器件检测等。

图 9-9　红外线温度传感器

红外检测系统一般由光学系统、探测器、信号调理电路及显示单元等组成。红外探测器是其中的核心器件，它是利用红外辐射与物质相互作用所呈现的物理效应来探测红外辐射的。

红外线传感器是利用物体产生红色辐射的特性实现自动检测的传感器。红外线又称红外光，它具有反射、折射、散射、干涉、吸收等性质。任何物质，只要它本身具有一定的温度（高于绝对零度），都能辐射红外线。红外线传感器测量时不与被测物体直接接触，因而不存在摩擦，并且具有灵敏度高，响应快等优点。

1. 红外辐射的产生

红外辐射是有物体的内部分子的转动及振动而产生的。这类振动过程中是物体受热而引起的，只有在绝对零度时，一切物体的分子才会停滞运动。换言之，在常温下，所有的物体都是红外辐射的发射源。红外线和所有电磁波一样，具有反射、折射、散射、干涉、吸收等性质。红外线的特点是热效应最大。红外线在真空中的传播速度为 30 万公里/秒，而在介质中传播时，由于介质的吸收和散射作用会使它产生衰减。

2. 红外探测器的分类

红外探测器即为红外传感器，它是一种能探测红外线的器件。从近代测量技术角度来看，能把红外辐射转换成电量变化的装置，称之为红外探测器。红外探测器的种类很多，按探测原理的不同可分为热敏探测器和光子探测器两大类。

1）热敏探测器

热敏探测器是利用红外辐射的热效应制成的，它采用热敏元件，利用入射红外辐射引起敏感元件的温度变化，进而使其有关的物理参数发生相应变化，通过测量有关物理参数的变化可确定探测器所吸引到红外辐射。热敏探测器的探测率比光子探测器的峰值探测率低，相应时间长。一般热敏探测器的灵敏度要比光子探测器低 $1\sim2$ 个数量级，响应速度也慢得多。但热敏探测器的主要优点是响应范围可扩展到整个红外区域，可以在常温下工作，使用方便，因此，应用相当广泛。热敏探测器主要类型有测辐射热器、辐射温差电偶型和热释电型等。热敏探测器的主要类型有热释电型、热敏电阻型、热电偶型和气体型探测器。目前，国内一般采用热释电型。

2）光子探测器（半导体红外图像传感器）

光子探测器是利用红外辐射的光电效应制成的，它采用光电元件，利用某些半导体材料在红外辐射的照射下，产生光子效应，使材料的电学性质发生变化，通过测量电学性质的变化可以确定红外辐射的强弱。光子传感器是其响应速度高，灵敏度具有理论极限，并与波长有关，因此它的响应时间一般比热敏探测器的响应时间短得多。能引起光电效应的辐射存在一个最长的波长限度。由于这类探测器是以光子为单元起作用的，只要光子的能量足够，相同数目的光子基本上具有相同的效果，因此这类探测器常被称为"光子探测器"。

光子探测器如图 9 - 10 所示，它采用光电传感器，可分为光电管、光敏电阻、光敏晶体管、光电伏特元件等几类。光子探测器的主要特点是灵敏度高，响应速度快，具有较高的响应频率，但探测波段较窄，一般在低温下工作。

图 9 - 10　光子探测器

3. 红外探测器的组成

红外探测器是由光学系统、敏感元件、前置放大器和调制器等组成的。按光学系统的结构，红外探测器可分为透射式和反射式两类。

1）透射式红外探测器

透射式光学系统的部件是红外光学材料制成的，根据所用的红外波长选择光学材料。一般测 700℃ 以上高温用波段在 $0.76\sim3\ \mu m$ 的近红外区，可用一般的光学玻璃和石英的材料；测量 $100\sim700℃$ 的中温材料时，用波段在 $3\sim5\ \mu m$ 的中红外区，多数采用氟化镁、氧化镁等热压光学材料；测 100℃ 以下低温度时，用波段在 $5\sim14\ \mu m$ 的中、远红外区，多数采用锗、硅、热压硫化锌等材料。此外，还常常需要在镜片表面蒸镀外增投层，一方面滤去不需要的波段，另一方面增大有波段的透过率。由于红外辐射的透射损失，一般透射系统中包含的透射在两片以上者是极少见的。

2）反射式红外探测器

采用反射是光学系统主要是因为获得透射红外波段的光学玻璃材料比较困难，因此反射系统还可以做成大口径的镜子。但是在加工方面，反射式比投射式要困难得多。反射式光学系统是采用多凹面玻璃反射镜，其表面镀金、铝或镍等对红外波段反射率很高的材料。为了减小光学像差或为了使用上的方便，通常再加一次反射镜，使用目标辐射经两次反射聚焦到接收元件上。

活动二 红外传感器的应用

红外传感器按其应用可分为以下几个方面：红外辐射计，用于辐射和光谱辐射测量；搜索和跟踪系统，可用于搜索和跟踪红外目标，确定其空间位置；热成像系统，可产生整个目标红外辐射的分布图像，如红外图像仪、多光谱扫描仪等。

1. 红外测温仪

红外测温仪是利用热辐射体在红外波段的辐射通量来测量温度。当物体温度低于1000℃时，他向外辐射的不再是可见光而是红外光，可用红外探测器检测其温度。常见的红外测温仪如图9-11所示。

图 9 - 11 红外测温仪

红外测温仪是光、机、电一体化的红外测温系统。其中，光学系统是一个固定焦距的透视系统，滤光片一般采用只允许8~14 um 的红外辐射能通过的材料。步进电机带动调制盘转动，将被测的红外辐射调制成交变的红外辐射射线。红外探测器一般为热释电探测器，透镜的焦点落在其光敏面上，被测目标的红外通过透镜聚焦在红外探测器上，红外探测器将红外辐射变换为电信号输出。

红外测温仪电路比较复杂，包括前置放大器、选频放大、温度补偿、线性化、发射率调节等。目前已经有一种带单片机的智能红外测温仪，利用单片机与软件的功能，大大简化了硬件电路，提高了仪表的稳定性、可靠性和准确性。

红外测温仪的光学系统可以是透射式，也可以是反射式。

2. 红外气体分析仪

红外气体分析仪是根据气体对红外线具有选择性吸收的特性来对气体成分进行分析，不同的气体的吸收波段不同。工业用气体分析仪由红外辐射光源、气室、红外探测器及电路等部分组成。光源由镍铬丝通电加热发出 $3\sim10\ \mu m$ 的红外线，切光片将连续的红外线调制成脉冲状的红外线，以便于红外探测器检测。测量气室中通入被分析气体，参与气室中封入不吸收红外线的气体。

红外探测器是薄膜电容型，他有两个吸收气室，冲入被测气体，当它吸收了红外辐射能量后，气体温度升高，导致室内压力增大。测量时，两束红外线经反射、切光后射入测量气室和参比气室。被测气体的浓度愈大，两束光强的差值也愈大，则电容的变化也愈大，因此电容变化量反映了被分析气体中被测气体的浓度。

3. 红外无损探伤

利用红外探测器检查工件内部的缺陷，也是红外测温的一种应用，而且是一种很巧妙的应用。例如，A、B两块金属板焊接在一起，其交界是否焊接良好，有没有漏焊的部位呢？如何在不使部件受任何损伤的情况下进行检测呢？红外测温技术就能完成这样的任务，这就是"红外无损探伤技术"。

红外无损探伤仪可以用来检查部件内部缺陷，而且对部件结构无任何损伤。例如，检查两块金属板的焊接质量，利用红外辐射探伤仪能十分方便地检查漏焊或缺焊；为了检测金属材料的内部裂缝，也可利用红外探伤仪。图9-12是现在无损探伤技术的仪器、电脑软件及在电脑中的红外无损探伤的显示。

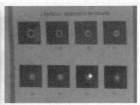

图9-12　红外无损探伤的显示

4. 红外图像传感器的应用注意事项

（1）使用红外图像传感器时，需要在其表面安装滤光片。为了防止可见光对热释电元件的干扰，必须在其表面安装一块红外滤光片。滤光片是在 Si 基板上镀多层滤光膜做成，滤光片应选取 $7.5 \sim 14 \ \mu m$ 波段，因为人体外表温度为 36℃ 时，人体辐射的红外线在 $9.4 \ \mu m$ 处最强，光子探测器在进行红外摄影时同样要加装红外滤镜。

（2）对信号处理电路要求较高。随着人体运动速度的不同，传感器输出信号的频率也是不同的。在正常行走速度下，其频率约为 6 Hz，当人体快速奔跑通过传感器面前时，频率可能高达 20 Hz。再考虑到日光灯的脉动频闪为 100 Hz，所以信号处理电路中的放大器带宽不应太宽，应为 0.1～20 Hz。放大器的带宽对灵敏度和可靠性有重要影响。带宽窄，则干扰小，误判率低；带宽大，噪声电压大，可能引起误报警，但对快速和极慢速移动响应较好。

任务4　创客天地——Arduino与颜色识别挥手传感器模块

1. 概述

Arduino 中的颜色识别挥手传感器模块如图 9-13 所示，该传感器是一款手势识别传感器，能够识别你手的运动方向。可以作为各种开关的触发装置，来帮助你实现智能控制。此外它还是一个颜色和光强传感器，可以分辨 RGB 三基色的各类组合。模块采用了 APDS-9960 传感器，集成 RGB、环境光、近程和手势传感器模块。

图9-13　颜色识别挥手传感器模块

2. Arduino 与颜色识别挥手传感器模块的硬件连线图

按图 9-14 选择 Arduino 中的模块，完成模块间的硬件接线。

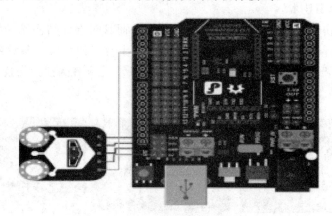

图 9-14　Arduino 与颜色识别挥手传感器模块的硬件连线图

3. Arduino 程序的下载与测试

在 Arduino 菜单栏工具中，选中 Arduino Leonardo，并选择正确的串口号，上传样例程序(扫描图 9-15 中二维码，可下载样例程序)，下载完成后，该传感器不只能实现挥手识别，还能够实现测距、环境光测试、强光中断等应用。

图 9-15　颜色识别挥手传感器二维码

项目九小结

本项目任务一介绍了固态图像传感器技术，介绍固态图像传感器的分类、结构、原理。任务二介绍了光纤传感器的结构、工作原理及其应用。任务三介绍了红外传感器的结构、工作原理及其应用。

本项目所述几种图像传感器的主要内容可归纳如下：

(1) 固态图像传感器主要分为三类，即电荷耦合式图像传感器(CCD)、CMOS 图像传感器和接触式影像传感器(CIS)等。

(2) 电荷耦合器件是一种在大规模集成电路技术发展的基础上产生的具有存储、转移并读出信号电荷功能的半导体器件，其基本组成部分是(金属-氧化物-半导体)光敏元阵列和读出移位寄存器。

（3）一个 MOS 结构元为 MOS 光敏元或一个像素，把一个势阱所收集的光生电子称为一个电荷包；CCD 器件内是在硅片上制作成百上千的 MOS 元，每个金属电极加电压可以形成成百上千个势阱；如果照射在这些光敏元上是一幅明暗起伏的图象，那么这些光敏元可感生出一幅与光照度响应的光生电荷图象。这是电荷耦合器件的光电物理效应基本原理。

（4）CCD 传感器应用是将不同光源与透镜、镜头、光导纤维、滤光镜及反射镜等各种光学元件结合，主要用来装配轻型摄像机、摄像头、工业监视器。

（5）光纤的结构：中心圆柱体称为纤芯，由某种玻璃或塑料制成；纤芯外围的圆筒形外壳称为包层，通常也是由玻璃或塑料制成；包层外面有涂敷层，之外是一层塑料保护外套。光纤的导光能力取决于纤芯和包层的性质，机械强度取决于塑料保护外套。

（6）光纤的传光原理，当光线由光密媒质（折射率 n_1）射入光疏媒质（折射率 n_2，$n_1 > n_2$）时，若入射角大于等于临界角，$f = \sin^{-1}(n_2/n_1)$，则在媒质界面上会发生全反射现象。

（7）红外检测系统一般由光学系统、探测器、信号调理电路及显示单元等组成。红外探测器是其中的核心器件。红外探测器是利用红外辐射与物质相互作用所呈现的物理效应来探测红外辐射的。

（8）红外线传感器是利用物体产生红色辐射的特性实现自动检测的传感器。红外线又称红外光，它具有反射、折射、散射、干涉、吸收等性质。任何物质，只要它本身具有一定的温度（高于绝对零度），都能辐射红外线。红外线传感器测量时不与被测物体直接接触，因而不存在摩擦，并且具有灵敏度高，响应快等优点。

（9）红外辐射是由物体内部分子的转动及振动而产生的。这类振动过程中是物体受热而引起的，只有在绝对零度时，一切物体的分子才会停滞运动。换言之，在常温下，所有的物体都是红外辐射的发射源。

（10）红外线和所有电磁波一样，具有反射、折射、散射、干涉、吸收等性质。

（11）红外探测器即为红外传感器，它是一种能探测红外线的器件。从近代测量技术角度来看，能把红外辐射转换成电量变化的装置，称之为红外探测器。红外探测器的种类很多，按探测原理的不同，可分为热敏探测器和光子探测器两大类。

思考与练习

1. 什么是光电效应？它是如何分类的？为什么说光电效应是图像检测的基础？
2. 常用固态图像传感器的类型有哪些？
3. 简述光纤的结构和用途。
4. 简述光纤图像传感器的结构和工作原理。
5. 三种光纤图像传感器有什么区别？
6. 什么是红外辐射？利用这种现象可以进行哪些检测工作？试用实例进行说明。
7. 热释电型探测器和光子探测器的应用领域有何不同？
8. 红外图像传感器在使用中有哪些注意事项？

项目十　磁电式传感器与转速测量仪设计

 学习目标

1. 理解磁电式传感器的工作原理。
2. 了解磁电式传感器的原理与结构分类。
3. 能正确选择磁电式传感器和测量电路。
4. 能正确设计与制作简易的磁电式转速器。

情景案例

　　磁是人们所熟悉的一种物理现象，磁传感器具有古老的历史。1820 年，奥斯特发现电流磁效应后，许多物理学家便试图寻找它的逆效应，提出了磁能否产生电，磁能否对电作用的问题。1822 年，阿喇戈和洪堡在测量地磁强度时，偶然发现金属对附近磁针的振荡有阻尼作用。1824 年，阿喇戈根据这个现象做了铜盘实验，发现转动的铜盘会带动上方自由悬挂的磁针旋转，但磁针的旋转与铜盘不同步，稍滞后。电磁阻尼和电磁驱动是最早发现的电磁感应现象。1831 年 8 月，法拉第在软铁环两侧分别绕两个线圈，其一为闭合回路，在导线下端附近平行放置一磁针，另一与电池组相连，接开关，形成有电源的闭合回路。实验发现，合上开关，磁针偏转；切断开关，磁针反向偏转。这表明在无电池组的线圈中出现了感应电流。法拉第立即意识到，这是一种非恒定的暂态效应。紧接着他做了几十个实验，证明了感应电流是由与导体性质无关的感应电动势产生的，即使没有回路没有感应电流，感应电动势依然存在。法拉第电磁感应定律是基于法拉第于 1831 年所做的实验发现的，如图 10-1 所示。这个电磁效应被约瑟夫·亨利大约同时发现，但法拉第的发表时间较早，故我们一般认为法拉第为电磁感应现象的第一发现人。

图 10-1　法拉第演示电磁感应

任务1 学习磁电式传感器

活动一 神奇的实验：探索磁电式传感器工作原理

做以下演示实验：如图10-2所示，使用一个线圈两端连接到一个电流表上，用一个磁铁在线圈中插入或者拔出，观察电流表的示数。

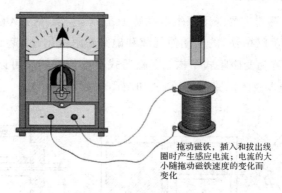

拖动磁铁，插入和拔出线圈时产生感应电流；电流的大小随拖动磁铁速度的变化而变化

图10-2 电磁感应实验

通过该实验可以得出结论：当拖动磁铁，插入和拔出线圈时会产生感应电流，电流的大小随着拖动磁铁速度的变化而变化。

活动二 磁电式传感器

1. 磁电传感器的定义以及原理

磁电式传感器就是利用电磁感应原理，将被测量（如振动、位移、转速等）变换成感应电势输出的传感器。最简单的把磁转换成电的磁电式传感器就是线圈，根据电磁感应定律（如图10-3所示），变化的磁场在周围空间产生电场，当闭合回路导体处在此电场中时，导体中的自由电子在电场力作用下作定向移动而产生感应电流；如果不是闭合回路，则导体中自由电子的定向移动使断处两端积累正、负电荷而产生感应电动势。

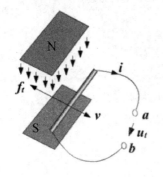
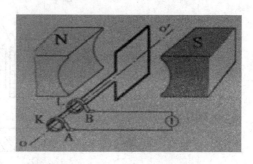

图10-3 电磁感应原理

磁电式传感器有时也称作电动式传感器或感应式传感器，它不需要辅助电源，就能把被测对象的机械能转换成易于测量的电信号，是一种有源传感器，同时它又属于非接触式测量传感器，它只适合进行动态测量。由于它有较大的输出功率，故配用电路较简单，其零位及性能稳定，工作频率一般为 10～1000 Hz。

2. 磁电式传感器的分类及结构

磁通量变化可以产生感应电动势，磁通量的变化可由磁铁与线圈之间的相对变化和磁路中的磁阻变化引起，因此磁电式传感器可分为变磁通式和恒磁通式两种结构型式。

1) 变磁通式磁电传感器

变磁通式磁电传感器主要采用感生电动势原理制备，其中永久磁铁 1(俗称"磁钢")与线圈 3 均固定，动铁心 2(衔铁)的运动使气隙和磁路磁阻变化，引起磁通变化而在线圈中产生感应电势，因此又称为变磁阻式结构。变磁通式磁电传感器又可以分为开磁路变磁通式(如图 10-4(a)所示)以及闭磁路变磁通式(如图 10-4(b)所示)。

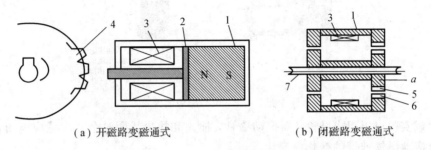

（a）开磁路变磁通式　　　　　（b）闭磁路变磁通式

1—永久磁铁；2—动铁心；3—感应线圈；4—测量齿轮；

5—内齿轮；6—外齿轮；7—转轴

图 10-4　变磁通式磁电传感器

2) 恒磁通式磁电传感器

恒磁通式磁电传感器也称为动圈式磁电传感器，其采用动生电动势的原理制备。图 10-5 所示为恒磁通式磁电传感器结构图，它由永久磁铁、线圈、弹簧和金属骨架(壳体)等组成。磁路系统产生恒定的磁场，磁路中的工作气隙固定不变，因而气隙中磁通也是恒定不变的，感应电势是由于永久磁铁与线圈之间有相对运动——线圈切割磁力线而产生的。该种磁电传感器的弹簧较

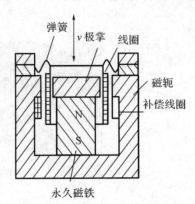

图 10-5　恒磁通式磁电传感器结构原理图

软，运动部件质量相对较大。当壳体随被测振动体一起振动且频率足够高(远大于传感器固有频率)时，运动部件惯性很大，来不及随振动体一起振动，近乎静止不动，振动能量几乎全被弹簧吸收。永久磁铁与线圈之间的相对运动速度接近于振动体振动速度，磁铁与线圈的相对运动切割磁力线，从而产生感应电势，感应电势大小与振动速度成正比。

3. 磁电式传感器的测量转换电路

磁电式传感器直接输出感应电势，且传感器通常具有较高的灵敏度，所以一般不需要高增益放大器。但磁电式传感器是速度传感器，若要获取被测位移或加速度信号，则需要配用积分或微分电路。其具体的测量电路如图 10-6 所示。

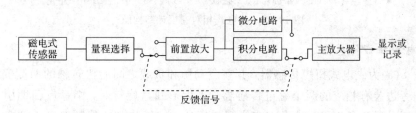

图 10-6 磁电传感器测量电路框图

4. 磁电式传感器的设计及特点

磁电感应式传感器由两个基本元件组成：一个是产生恒定直流磁场的磁路系统，为了减小传感器体积，一般采用永久磁铁；另一个是线圈，由它与磁场中的磁通交链产生感应电动势。感应电动势与磁通变化率或者线圈与磁场相对运动速度成正比，因此必须使它们之间有一个相对运动。作为运动部件，可以是线圈，也可以是永久磁铁。所以，必须合理地选择它们的结构形式、材料和结构尺寸等，以满足传感器的基本性能要求。

磁电式传感器的特点如下：

(1)磁电式转速传感器可用于表面有缝隙的物体转速测量，输出的信号强，测量范围广，可以测齿轮、曲轴、轮辐等部件的转速。

(2)有很好的抗干扰性能，能够在烟雾、油气、水汽等环境中工作。

(3)磁电式转速传感器的工作维护成本较低，运行过程无需供电，完全是靠电磁感应来实现测量的。

(4)磁电式转速传感器的结构紧凑、体积小巧、安装使用方便，可以和各种二次仪表搭配使用。

5. 磁电式传感器的应用

磁电式传感器主要用于振动测量以及速度和位移测量。其中，惯性式传感器不需要静止的基座作为参考基准，它直接安装在振动体上进行测量，因而在地面振动测量及机载振动监视系统中获得了广泛的应用。

1)磁电式相对速度计

磁电式相对速度计的结构如图 10-7 所示，测量时，壳体固定在一个试件上，顶杆顶住另一试件，则线圈在磁场中的运动速度就是两试件的相对速度。速度计的输出电压与两试件的相对速度成正比。相对速度计可测量的最低频率接近于零。

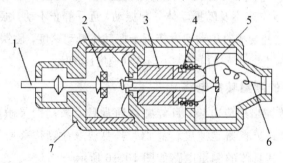

1—顶杆；2,5—弹簧片；3—磁铁；4—线圈；6—引出线；7—外壳

图 10-7　磁电式相对速度计结构图

2) 磁电式扭矩传感器

图 10-8(a)为磁电式扭矩传感器，其在驱动源和负载之间的扭转轴的两侧安装有齿形圆盘，它们旁边装有相应的两个磁电传感器。当齿形圆盘旋转时，圆盘齿凸凹引起磁路气隙的变化，于是磁通量也发生变化，在线圈中感应出交流电压，其频率等于圆盘上齿数与转数的乘积。当扭矩作用在扭转轴上时，两个磁电传感器输出的感应电压 u_1 和 u_2 存在相位差，该相位差与扭转轴的扭转角成正比，如图 10-8(b)所示。这样，传感器就可以把扭矩引起的扭转角转换成相位差的电信号。

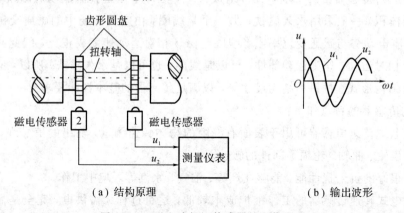

（a）结构原理　　　　　　　　　　　　　（b）输出波形

图 10-8　磁电式扭矩传感器的工作原理

3) 磁电振动监测系统

磁电式振动传感器将工程振动的参量转换成电信号，经电子线路放大后显示和记录。电测法的要点在于先将机械振动量转换为电量(电动势、电荷及其它电量)，然后再对电量进行测量，从而得到所要测量的机械量。磁电式振动传感器(如图 10-9 所示)主要由线圈、永久磁铁、弹簧以及壳体组成，其与放大器、标准振动控制器以及计算机共同组成振动监测系统。

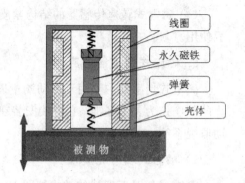

图 10-9　磁电式振动传感器

任务2　磁电式传感器应用训练——磁电测速仪

活动一　认识磁电测速仪模型

1. 磁电测速仪的基本结构

磁电测速仪的结构如图 10-10 所示，包括永久磁铁、导磁齿轮、感应线圈以及磁敏元件等。当安装在被测转轴上的齿轮（导磁体）旋转时，其齿依次通过永久磁铁两磁极间的间隙，从而在线圈上感应出频率和幅值均与轴转速成比例的交流电压信号 u_0。

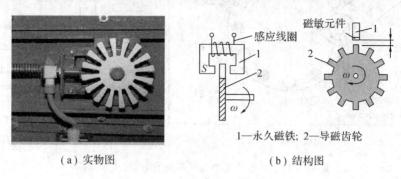

1—永久磁铁；2—导磁齿轮

（a）实物图　　　　　　　　　（b）结构图

图 10-10　磁电测速仪

2. 磁电测速仪的电路搭建

磁电式传感器是速度传感器，若要获取被测位移或加速度信号，则需要配用积分电路或微分电路。其具体的测量电路如图 10-11 所示，主要包括测量齿轮、磁电转速传感器、放大整形电路以及转速显示设备等。

图 10-11　磁电测速仪的工作原理

传感器的输出信号是带干扰的非理想脉冲信号，直接输入数字电路会产生较大误差，因此信号转换电路的设计目的是将转速传感器输出的非理想脉冲信号转换成适于后端数字电路处理的标准电压信号。

活动二　简易磁电测速器的搭建

1. 需用器件

搭建磁电测速器实验所需用的器件与单元有主机箱、磁电式传感器、转动源。

2. 实验步骤

根据图 10-12 将磁电转速传感器安装于磁电支架上，传感器的端面对准转盘上的磁钢，并调节升降杆使传感器端面与磁钢之间的间隙大约为 2～3 mm。首先要在接线以前合上主机箱电源开关，将主机箱中的转速调节电源 2～24 V 旋钮调到最小（逆时针方向转到底）后接入电压表（显示选择打到 20 V 挡），监测大约为 1.25 V；然后关闭主机箱电源，将磁电转速传感器、转动电源按图 10-12(a) 所示分别接到主机箱的相应电源和频率/转速表（转速挡）的"Fin"上。合上主机箱电源开关，在小于 12 V 范围内（电压表监测）调节主机箱的转速调节电源（调节电压改变电机电枢电压），观察电机转动及转速表的显示情况。

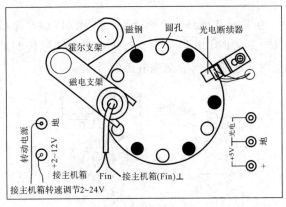
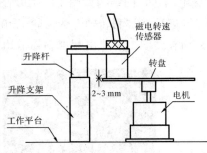

（a）面板说明 （b）磁电转速传感器测量安装示意图

图 10-12　磁电转速传感器实验安装、接线示意图

3. 实验结果

绘出电压与转速的曲线图。

4. 得出结论

通过上述实验可以得出以下结论：随着电压的增大，以及转盘转速的增加，通过磁电传感器测量的转速表所显示的数据也在不断增大。

◇ **透视实体——企业案例（汽车上的磁电传感器）**

汽车在我们现代人的生活中已经非常普及，作为一辆现代化程度较高的代步工具，汽车兼具了实用性、舒适性以及安全性等，而要达到这些要求就需要汽车联合使用多种传感器。磁电传感器在汽车上的应用尤其普遍（如图 10-13 所示），例如包括汽车安全、汽车舒适性、汽车节能降耗等。传感器在汽车中主要被用于车速、倾角、角度、距离、接近、位置等参数的检测以及导航、定位等方面的应用，比如车速测量、踏板位置、变速箱位置、电机旋转、助力扭矩测量、曲轴位置、倾角测量、电子导航、防抱死检测、泊车定位、安全气囊与太阳能板中的缺陷检测、座椅位置记忆、改善导航系统的航向分辨率。当一块磁铁固定在转动轮子的边沿而 GMR 磁阻传感器固定在轮子的旁边并保持一定的距离时，磁铁随轮子而转动，轮子转动一圈，就会产生一个电压脉冲输出。这类基本轮转速感测、扭矩感测应用大量使用在汽车刹车系统（ABS）和助力转向（EPS）系统上。在节能降耗中，磁电传感器的应用能够让马达控制或换向更加精确。此外，汽车电子线控节气门系统和电池监测、智能电扇等都有磁电传感器的身影。在混合动力电动汽车中，磁电传感器用于监控辅助电机逆变器，逆变器用于把电池直流电转换成电机的交流电，这种转换需要使用三个电流传感器，电机的每个相位都需要一个。高级汽车也需要使用霍尔 IC 和 AMR 传感器。中低档轿车中有 10 多种电机，如风扇冷却、交流发电机以及风挡雨刷；豪华轿车拥有将近 100 个电机，其中包括用于空调送风机、电子转向与油门控制的传感器，用于自动化与新型双离合系统的传动传感器，以及用于座位位置调整、天窗、转速表、前灯位置调整、靠枕的传感器，甚至用于根据空气质量信息来控制进气的风门。

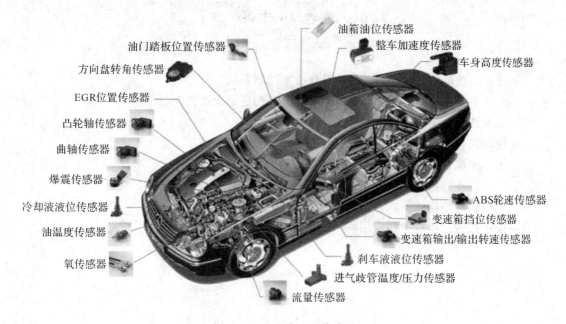

图 10-13　汽车上的传感器

项目十小结

本项目任务一利用实物实验，投影、多媒体软件等媒体技术，介绍磁电式传感器的结构、特点、用途、分类及工作原理等。任务二完成磁电式测速仪电路的设计与搭建。任务三利用 Arduino 中的传感器模块完成创新实验。在实际教学中，任务二和任务三可根据实际需要选择其中一项任务完成即可。

磁电式传感器的主要内容可归纳如下：

（1）磁电式传感器是利用电磁感应原理，将被测量（如振动、位移、转速等）变换成感应电势输出的传感器。

（2）磁电转速传感器分为变磁通式和恒磁通式两种结构型式，变磁通式磁电传感器主要采用感生电动势的原理制备，恒磁通式磁电传感器主要采用动生电动势的原理制备。

（3）磁电感应式传感器工作时不需要外加电源，可直接将被测物体的机械能转换为电量输出，是典型的无源传感器。

（4）磁电式传感器直接输出感应电势，且传感器通常具有较高的灵敏度，所以一般不需要高增益放大器。但磁电式传感器是速度传感器，若要获取被测位移或加速度信号，则需要配用积分或微分电路。

（5）磁电感应式传感器由两个基本元件组成：一个是产生恒定直流磁场的磁路系统，为了减小传感器体积，一般采用永久磁铁；另一个是线圈，由它与磁场中的磁通交链产生感应电动势。

思考与练习

1. 什么是磁电式传感器？它是通过什么原理制备的？
2. 什么是有源传感器？磁电式传感器是有源的还是无源的？
3. 磁电式传感器有哪些类型？其结构分别如何？
4. 磁电式传感器的非线性误差是怎么样产生的？
5. 怎样消除磁电式传感器的温度误差？
6. 磁电式传感器的测量电路是怎样的？
7. 磁电式传感器的特点有哪些？
8. 磁电式传感器有哪些应用？

附录　THSRZ-2型传感器系统综合实验

1. 概述

THSRZ-2型传感器系统仿真软件主要是针对THSRZ-2型传感器系统综合实验装置配套的上位机软件而开发的，与"物理""传感器技术""工业自动化控制""非电测量技术与应用""工程检测技术与应用"等课程的教学实验配套使用，提供了真正实验前的模拟实验。只要学生根据本仿真软件提供的"操作步骤帮助"即可顺利地完成每个模拟实验，而且可以反复对模拟实验进行操作。这样学生不仅事先掌握了正确的实验操作流程，同时也预先知道了每个实验正确的实验结果。实验仿真软件不受实验装置的限制，学生可以利用课余时间在教室或者寝室进行仿真操作，以预习或复习实验内容，达到提高教学质量的目的。（教学或自主学习时，多课时、有条件的可自选学习）

2. 特点及功能

THSRZ-2型传感器系统仿真软件的功能是学生利用虚拟连接导线、信号源、示波器、旋钮、智能调节仪等控件按照提示的实验步骤进行操作，就可以仿真每个实验。在模拟实验的过程中，学生可以通过调节幅值/频率旋钮、测微头旋钮、温度/压力表按钮等来改变输出波形，或者是通过调节智能调节仪上的控件来改变设定值。实验过程的输出波形，在示波器上显示为红线，点击"保存"按钮后，在示波器上复制了一条蓝色的保存波形，若点击"清除"，则可清除保存的波形。如果对本次实验不满意，可点击电源开关的"关"，则所有的控件、按钮可恢复初始状态，即可重新再做实验。

下面对本仿真软件的操作做具体详细地说明：

首先运行本公司提供的"THSRZ-2传感器仿真软件"光盘，点击"THSRZ-2型传感器系统综合实验装置. swf"，进入主菜单，如附图0-1所示。

附图0-1　THSRZ-2型传感器系统综合实验装置仿真软件主菜单

实验一 电阻应变式传感器实验验证

1. 实验目的

了解直流全桥的应用及电路的定标。

2. 实验原理

电阻应变片(电子秤)实验原理是通过调节放大电路对电桥输出的放大倍数，使电路输出电压值为质量的对应值，电压量纲(V)改为质量量纲(g)即成为一台比较原始的电子秤。

3. 实验步骤

(1) 连接虚拟实验模板上的 ±15 V 电源导线。将红、黑、蓝三个插针分别拉到相应的插孔处，连线提示状态框若正确则提示"连线正确"，错误则提示"连线错误，请重新连线"。每次连线正确与否，都有提示。

(2) 连接作图工具两端到 U_{o2} 输出端口，并点击作图工具图标，将会弹出作图工具窗口。

(3) 打开图中左上角的电源开关，指示灯呈黄色。

(4) 当 15 V 电源和示波器导线连接正确后，在由 X、Y 轴构成的作图框中的 Y 轴上将会出现一个红色基准点。

(5) 调节 R_{w3} 到某值，再调节 R_{w4} 将红色的基准点调节到坐标轴原点位置，此时部分连线将自动完成。

(6) 连接虚拟实验模板上的 ±4 V、−4 V 电源线，红色基准点再次偏离原点，调节 R_{w1}，将红色零点调回原点位置。正确接线如附图 1−1 所示。

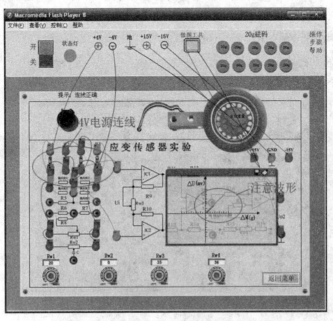

附图 1−1 电阻应变式传感器实验接线图

（7）将虚拟实验模板上的砝码逐个拖到托盘上，作图框中将会逐段输出波形。

注意：若有导线未连接，则砝码无法拖动，同时波形输出后，电位器将不可再调节，如要调节，则需重新再做实验。

（8）点击作图框中的"保存"，保存已知重量砝码的输出波形（保存的波形为蓝色），将托盘上的砝码逐个放回原位。

（9）将未知重量的物体拖到托盘上，则会输出一段（红色）波形，比较红、蓝两输出波形即可估计未知物体的重量。此为本实验目的，如附图1-1所示。

如果对本次实验不满意，可点击电源开关的"关"，则所有的控件、按钮会恢复初始状态，即可重新再做实验；如果想结束本实验，则点击虚拟实验模板右下角的"返回菜单"，返回主菜单界面，或直接关闭本 flash。

实验二 电感式传感器实验验证

1. 实验目的

了解差动变压器式传感器测量振动的方法。

2. 实验原理

利用差动变压器的静态位移特性测量动态参数。

3. 实验步骤

（1）连接虚拟实验模板上的正负 15 V 电源线。将红、黑、蓝三个插针分别拉到相应的插孔处，连线提示状态框若接线正确则提示"连线正确"，错误则提示"连线错误，请重新连线"。每次连线的正确与否，都有提示。

（2）连接示波器两端到低通模块输出端口，并点击示波器图标，将会弹出示波器窗口。

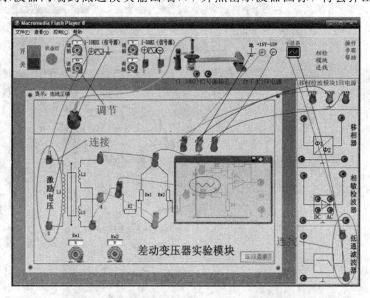

附图 2-1 差动变压器传感器实验电路波形 1

（3）打开图中左上角的电源开关，指示灯呈黄色。

（4）连接虚拟实验模板上的1～10 kHz信号源导线到激励电压两端，调节幅值和频率旋钮，则输出如附图2-1所示波形。

（5）调节 R_{w1} 按钮，将附图2-1波形调回原点位置，调节 R_{w2} 将波形调成直线，连接虚拟实验模板上的1～30 Hz信号源导线（位置参考附图2-2），调节幅值和频率旋钮，则传感器开始振动，同时输出如附图2-2所示波形。

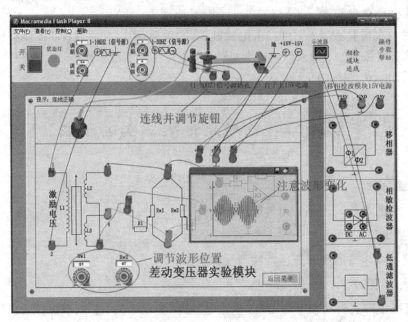

附图2-2　差动变压器传感器实验电路波形2

（6）点击"相检模块连线"，则会自动完成部分连线，输出如附图2-3所示波形。

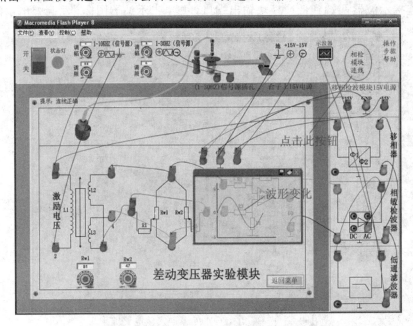

附图2-3　差动变压器传感器实验电路波形3

如果对本次实验不满意，可点击电源开关的"关"，则所有的控件、按钮会恢复初始状态，即可重新再做实验；如果想结束本实验，则点击虚拟实验模板右下角的"返回菜单"，返回主菜单界面，或直接关闭本flash。

实验三　电容传感器实验验证

1. 实验目的

了解电容传感器的结构及其特点。

2. 实验原理

利用电容 $C = \dfrac{\varepsilon S}{d}$ 和其他结构的关系式，通过相应的结构和测量电路可以选择 ε、A、d 中三个参数中，保持两个参数不变，而只改变其中一个参数，则可以有测谷物干燥度（$\varepsilon_{变}$）、测位移（$d_{变}$）和测量液位（$A_{变}$）等多种电容传感器。本实验采用的传感器为圆筒式变面积差动结构的电容式位移传感器，如附图3-1所示。

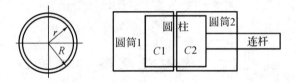

附图3-1　圆筒式变面积电容位移传感器

3. 实验步骤

（1）如附图3-2所示，连接虚拟实验模板上的正负15 V电源导线。将红、黑、蓝三个插针分别拉到相应的插孔处，连线提示状态框若接线正确则提示"连线正确"，错误则提示"连线错误，请重新连线"。每次连线正确与否，都有提示。

（2）连接作图工具两端到 U_o 输出端口，并点击作图工具图标，将弹出作图工具窗口。

（3）打开图中左上角的电源开关，指示灯呈黄色。

（4）调节虚拟实验模板上的 R_{w1} 旋钮，将红色基准点拉回原点。

（5）调节测微头，观察输出波形，同时可以看到传感器针筒中间磁芯的左右移动。

如果对本次实验不满意，可点击电源开关的"关"，则所有的控件、按钮会恢复初始状态，即可重新再做实验；如果想结束本实验，则点击虚拟实验模板右下角的"返回菜单"，返回主菜单界面，或直接关闭本flash。

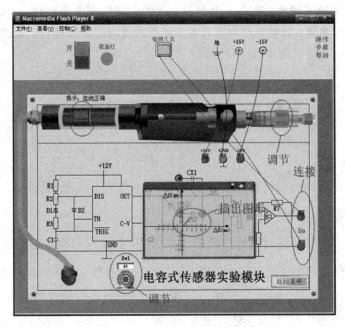

附图 3-2　电容传感器实验电路图

实验四　光电传感器实验验证

1. 实验目的

了解光电转速传感器测量转速的原理及方法。

2. 实验原理

光电式转速传感器由反射型和透射型两种，本实验装置采用透射型的。传感器端部有发光管和光电池，发光管发出的光源通过转盘上的孔透射到光电管上，并转化成电信号，由于转盘上有等间距的 6 个透射孔，转动时将获得与转速及透射孔数有关的脉冲，将电脉计数处理即可得到转速值。

3. 实验步骤

（1）如附图 4-1 所示。连接虚拟实验模板上的＋5 V 电源导线到霍尔端口。将红、黑两个插针分别拉到相应的插孔处，连线提示状态框若接线正确则提示"连线正确"，错误则提示"连线错误，请重新连线"。每次连线正确与否，都会有提示。

（2）连接示波器两端到光电信号输出端口，并点击示波器图标，弹出示波器窗口。

（3）打开附图中 4-1 左上角的电源开关，指示灯呈黄色。

（4）连接虚拟实验模板上的 2～24 V 信号源导线到转动电源的两端，则示波器上会输出一条红色基准线。

（5）调节 2～24 V 信号源旋钮，则转盘开始转动，转速和频率计分别显示转速和频率，波形输出为方波，信号源频率调得越高，转盘转得越快。

如果对本次实验不满意,可点击电源开关的"关",则所有的控件、按钮会恢复到初始状态,即可重新再做实验;如果想结束本实验,则点击虚拟实验模板右下角的"返回菜单",返回主菜单界面,或直接关闭本 flash。

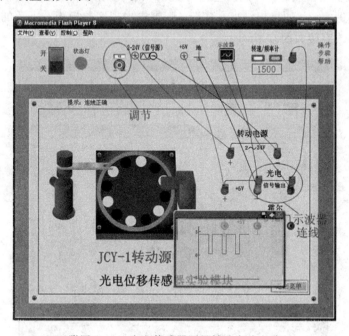

附图 4-1 光电传感器测量转速实验电路

实验五 霍尔传感器实验验证

1. 实验目的

了解霍尔传感器测量转速的原理及方法。

2. 实验原理

利用霍尔效应 $U_H = K_H IB$,当被测圆盘上装有 N 只磁性体时,转盘每转一周磁场变化 N 次,每转一周霍尔电动势就同频率响应变化,输出电动势通过放大、整形和计数电路即可测出被测旋转物的转速。

3. 实验步骤

(1) 如附图 5-1 所示,连接虚拟实验模板上的+5 V 电源导线到霍尔端口,将红、黑、蓝三个插针分别拉到相应的插孔处,连线提示状态框若接线正确则提示"连线正确",错误则提示"连线错误,请重新连线"。每次连线正确与否,都会有提示。

(2) 连接示波器两端到霍尔信号输出端口,并点击示波器图标,会弹出示波器窗口。

(3) 打开图中左上角的电源开关,指示灯呈黄色。

(4) 连接虚拟实验模板上的2~24 V 信号源导线到转动电源的两端,则示波器上会输出一条红色基准线。

（5）调节 2～24 V 信号源旋钮，则转盘开始转动，转速计和频率计分别显示转速和频率，波形输出为方波，信号源频率调得越高，转盘转得越快。

如果对本次实验不满意，可点击电源开关的"关"，则所有的控件、按钮会恢复初始状态，即可重新再做实验；如果想结束本实验，则点击虚拟实验模板右下角的"返回菜单"，返回主菜单界面，或直接关闭本 flash。

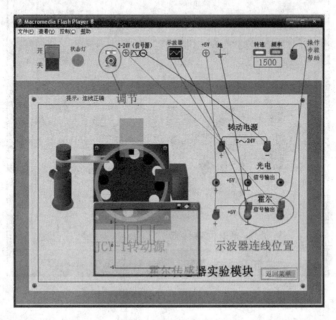

附图 5-1　霍尔传感器测量转速实验电路

实验六　电容传感器实验验证

1. 实验目的
了解压电传感器测量振动的原理和方法。

2. 实验原理
压电式传感器由惯性质量块和受压的压电片等组成。观察实验用压电加速度计的结构，工作时传感器感受与试件相同频率的振动，质量块便有正比于加速度的交变力作用在晶片上，由于压电效应，压电晶片上产生正比于运动加速度的表面电荷。

3. 实验步骤
（1）如附图 6-1 所示，连接虚拟实验模板上的正负 15 V 电源线，包括相敏检波器模块的正负 15 V 电源导线，将红、黑、蓝三个插针分别拉到相应的插孔处，连线提示状态框若接线正确则提示"连线正确"，错误则提示"连线错误，请重新连线"。每次连线正确与否，都会有提示。

（2）连接示波器两端到低通模块输出端口，并点击示波器图标，弹出示波器窗口。

（3）连接 1～30 Hz 信号源导线，具体连接位置参考附图 6-1。

（4）打开图中左上角的电源开关，指示灯呈黄色。

（5）调节信号源幅值和频率旋钮，输出如附图6-1所示波形。

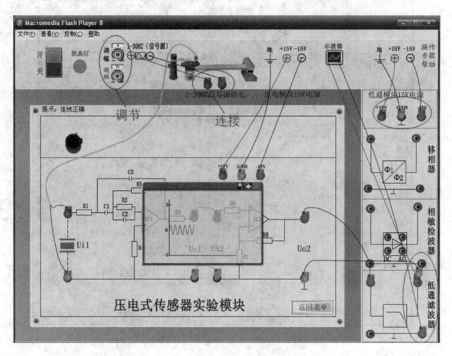

附图6-1 压电传感器实验电路

如果对本次实验不满意，可点击电源开关的"关"，则所有的控件、按钮会恢复初始状态，即可重新再做实验；如果想结束本实验，则点击虚拟实验模板右下角的"返回菜单"，返回主菜单界面，或直接关闭本 flash。

实验七 气敏传感器实验验证

1. 实验目的

了解气敏传感器及其使用，并进行气体测量。

2. 实验原理

采用的 SnO_2（氧化锡）半导体气敏传感器是对酒精敏感的电阻型气敏元件；该敏感元件由纳米级 SnO_2 及适当掺杂混合剂烧结而成，具微珠式结构，应用电路简单，可将传导性变化改变为一个输出信号，与酒精浓度对应。

3. 实验步骤

（1）如附图7-1所示，按照顺序点击"传感器连线"、"获取酒精棉球"。

（2）连接作图工具导线两端到 U_o 输出端口，并点击作图工具图标，弹出作图工具窗口。

（3）打开图中左上角的电源开关，指示灯呈黄色。

（4）连接正负 10 V 的地线，则输出波形，如附图7-1所示。

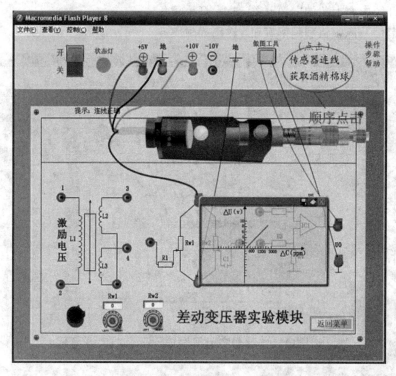

附图 7 - 1　气敏传感器实验电路

如果对本次实验不满意，可点击电源开关的"关"，则所有的控件、按钮会恢复初始状态，即可重新再做实验；如果想结束本实验，则点击虚拟实验模板右下角的"返回菜单"，返回主菜单界面，或直接关闭本 flash。

实验八　湿敏传感器实验验证

1. 实验目的

了解湿敏传感器及其使用，并进行湿度测量。

2. 实验原理

采用具有感湿功能的高分子聚合物（高分子膜）涂敷在带有导电电极的陶瓷衬底上，导电机理为水分子的存在影响高分子膜内部导电离子的迁移率，形成阻抗随相对湿度变化成对数变化的敏感部件。由于湿敏元件阻抗随相对湿度变化成对数变化，一般应用时都经放大转换电路处理将对数变化转换成相应的线性电压信号输出以制成湿度传感器模块形式。

3. 实验步骤

（1）连接作图工具导线两端到输出端口（连接位置如附图 8 - 1 所示），点击作图工具图标，则弹出作图工具窗口。

（2）按找顺序点击"湿敏传感器连线"、"放入湿棉"。

（3）打开图中左上角的电源开关，指示灯呈黄色。

（4）作图框输出波形，转速/频率计数值在变化，直到稳定。如附图8-1所示。

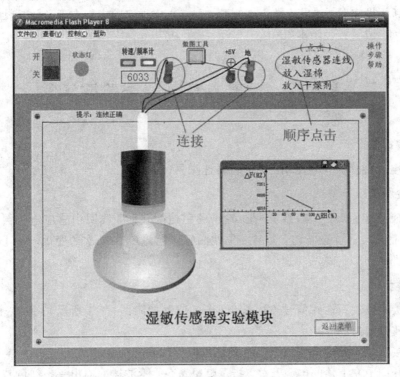

附图8-1　湿敏传感器实验电路1

（5）再点击"放入干燥剂"，输出如附图8-2所示波形。

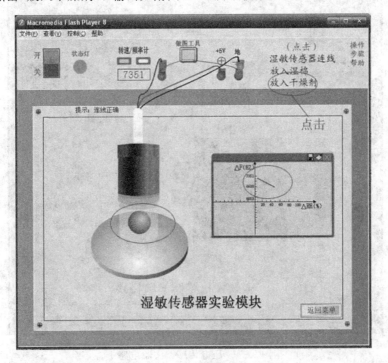

附图8-2　湿敏传感器实验电路2

如果对本次实验不满意，可点击电源开关的"关"，则所有的控件、按钮会恢复初始状态，即可重新再做实验；如果想结束本实验，则点击虚拟实验模板右下角的"返回菜单"，返回主菜单界面，或直接关闭本 flash。

实验九　磁电式传感器实验验证

1. 实验目的

了解磁电式传感器及其使用，并进行转速测量。

2. 实验原理

基于电磁感应原理，N 匝线圈所在磁场的磁通变化时，线圈中感应电势会发生变化，因此当转盘上嵌入 N 个磁棒时，每转一周线圈感应电势产生 N 次的变化，通过放大、整形和计数等电路即可以测量其转速。

3. 实验步骤

（1）连接示波器两端到信号输出端口（连接位置如附图 9-1 所示），并点击示波器图标，弹出示波器窗口。

（2）连接虚拟实验模板上的 2~24 V 信号源导线到转动电源两端。

（3）打开图中左上角的电源开关，指示灯呈黄色，示波器上输出一条红色基准线。

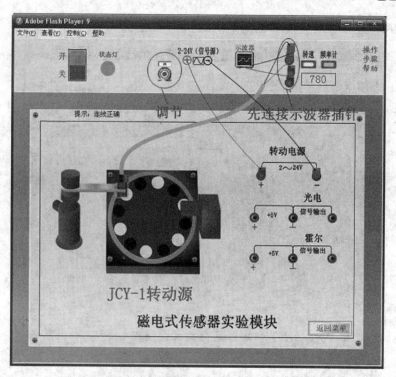

附图 9-1　压电传感器实验电路 1

（4）调节 2~24 V 信号源旋钮，则转盘开始转动，转速计和频率计分别显示转速和频率，波形输出为正弦波，信号源频率调得越高，转盘转得越快。

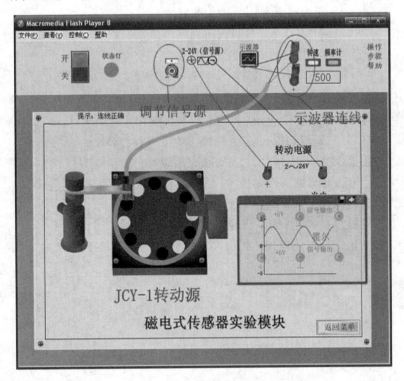

附图 9-2 磁电传感器实验电路 2

如果对本次实验不满意，可点击电源开关的"关"，则所有的控件、按钮会恢复初始状态，即可重新再做实验；如果想结束本实验，则点击虚拟实验模板右下角的"返回菜单"，返回主菜单界面，或直接关闭本 flash。

参 考 文 献

[1] 吴旗. 传感器及应用. 北京：高等教育出版社，2010.

[2] 梁森，等. 自动检测技术及应用. 北京：机械工业出版社，2011.

[3] 吴建平. 传感器原理及应用. 北京：机械工业出版社，2012.

[4] 谢文和. 传感器及其应用. 北京：高等教育出版社，2003.

[5] 余成波，等. 传感器与自动检测技术. 北京：高等教育出版社，2004.

[6] 刘小波. 自动检测技术. 北京：清华大学出版社，2012.

[7] 刘丽华. 自动检测技术及应用. 北京：清华大学出版社，2010.

[8] 曾晓宏. 自动识别技术与应用. 北京：高等教育出版社，2014.